Digital Media Interface Design

数字媒体
界面设计

DM
UI
DESIGN

梁琰佶 编著

内容提要

本教材内容包括了解用户需求，讲解数媒界面设计原则与设计方法，并能使学生具备一定的界面测试与评估能力。学习不同界面平台的视觉设计及设计流程，围绕标志、图形、图案、插图、文字、符号、背景、色彩设计展开。掌握启动界面设计、主界面以及分级界面设计、框架设计、菜单栏设计、界面按钮设计、界面图标设计和主题软件等设计形式与方法。基于本课程的学习，培养学生不仅需要适当的界面设计技巧，更要理解用户与程序的关系。一个有效的用户界面关注的是用户目标的实现，包括视觉元素与功能操作在内的所有元素都需要完整一致。

通过对于界面的认知，了解界面设计与交互设计，可以对界面进行美化、抽象、艺术化处理，界面上的组件必须为交互行为服务，运用界面设计元素引导交互方式。通过贯穿图像与图形、版式设计、文字设计、元素合成、色彩设计的综合能力培养，使学生能在掌握界面设计流程之后，根据界面功能的不同，能运用平面设计、网页设计、导航设计、图标分布、色彩设计的知识，创作出优秀的界面设计作品。

图书在版编目（CIP）数据

数字媒体界面设计 / 梁琰佶编著 . — 上海 ：上海
交通大学出版社，2024.3
　　ISBN 978-7-313-30446-9

　　I. ①数⋯　II. ①梁⋯　III. ①数字技术—多媒体技术—
人机界面—程序设计　IV. ① TP11

中国国家版本馆 CIP 数据核字（2024）第 058531 号

数字媒体界面设计
SHUZI MEITI JIEMIAN SHEJI

编　　著：	梁琰佶			
出版发行：	上海交通大学出版社		地　　址：	上海市番禺路951号
邮政编码：	200030		电　　话：	021-64071208
印　　刷：	上海颛辉印刷厂有限公司		经　　销：	全国新华书店
开　　本：	889mm×1194mm 1/16		印　　张：	7
字　　数：	179 千字			
版　　次：	2024 年 3 月第 1 版		印　　次：	2024 年 3 月第 1 次印刷
书　　号：	ISBN 978-7-313-30446-9			
定　　价：	69.00 元			

前言

伴随 5G 时代的来临，人机交互方式的不断更新，各类技术平台为数字媒体的创意与表现提供了更为广阔的创意空间。在这个信息爆炸的时代，数字媒体广泛应用于各类信息服务行业及相关产品中，是一种独有的跨界信息传达设计形式。摆在我们面前的事实是数字媒体设计让我们的生活方式产生了巨大的变革，网络信息的普及化使我们的生态空间显得如此立体。以数字技术为核心的高科技文创产业迅速崛起，在迅猛发展的同时不断探索创新，引领时代发展的新趋势。

运用科学技术改变方式，用视觉语言引导行为。数字界面说到底是一个视觉信息平台，正如加拿大著名学者麦克卢汉在《理解媒介》一书中所提出的"媒介即信息"与"媒介是人的延伸"。界面设计承载着连接、交互、技术、媒体等诸多方面的功能形式。图形化界面设计与交互体验设计作为数字媒体设计的核心，将视觉设计与信息设计两者相结合，运用"图形化""功能化"的方式传递信息，并带给我们易读快捷的体验感。

数字媒体是"功能＋艺术"的一体化体现，大卫·罗德维克在《新媒体诞生后的哲学》一书中提出："不要将媒介视作一种物质或本体，而是视作一组开放的可以不断修改的可能性。艺术或哲学并不问什么是媒介，而是问媒介有何潜力，这种潜力是否能创造出价值。媒体或艺术类别是以未来为向导，是在不断寻求变化的。每一种艺术的媒介都是不断创新的，可以通过提供一种新的材料形成一种新的概念，引领我们走向新的艺术媒介。"界面设计的美观是吸引客户使用的基本条件，在多样、多元的数字界面媒介中良好体现功能性和艺术性的和谐共存，是需要研究思索的，寻找开放并可以不断修改的可行性设计方式。

目录 contents

壹

界面设计（即 UI 设计）是人与机器之间传递和交换信息的媒介，FaceUI 认为界面设计包括硬件界面和软件界面，研究范畴包括设计学、心理学、认知学、人机工程学科与计算机科学相关的交叉领域。

在此关注的 UI 设计特指软件界面，我们也可以称其为特殊的或者狭义的 UI 设计。依托信息技术、网络技术与计算机技术迅猛发展，人机界面设计与开发将成为科技与设计领域活跃的研究方向。

第一节 数媒界面的概念

UI 即 User Interface（用户界面）的简称。UI 设计则是指对软件的人机交互、操作逻辑、界面美观的整体设计。确定交互设计的过程，以获得描述并传达交互行为的有效形式，称为"用户界面设计"。 一款好的 UI 设计不仅需要设计出软件的独特个性品味，具备较强的视觉冲击力与审美感染力，关键是能做到简单易懂，体现软件操作的自由舒适，突出软件的定位和特点。

数媒界面设计涵盖：摄影，购物，阅读……

交互行为决定用户界面设计的约束条件。界面上的组件必须为交互行为服务，可以对界面进行美化、抽象，甚至艺术化，但不能破坏交互行为。为了满足用户多元化的需求，必须研究用户在界面使用中的行为举止，根据不同需求对界面设计的内容进行梳理和分类，运用界面设计元素对交互行为产生引导作用。

作为一款软件设计，同样需要 3W 即 who, where, why 的思考，分析用户、环境与行为三者之间的关系。需要了解用户群体的性别、年龄、爱好、教育程度等信息。明确使用场所，比如居家、办公、公共设施等。确定用户的使用方式，如触屏、遥控、鼠标键盘等。根据上述要素的变化，都需要对界面设计的策划、内容及设计形式作出相应的调整。界面是人机交互的媒介，界面设计师的工作则是为该媒介塑造出诸多个性鲜明的面孔。数媒界面是用户行为延伸的媒介。无论是在移动端还是 PC 端，数媒界面作为信息载体与使用工具已经融入我们的日常生活中，成为无可替代的必需品。

第二节 数媒界面的发展

数媒界面的发展包括硬件和软件两大平台相辅相促。在这里需要了解的是，计算机技术发展是软硬件的基础核心。计算机硬件设备为信息发布、传递及存储提供良好的保障。

数媒硬件经历了几个时期的发展，珠算口诀则是最早的体系化的算法，为机械运算系统奠定了基础。17-19 世纪机械式计算机包括：帕斯卡加法机、莱布尼兹乘法机以及巴贝奇差分机，这个时期的发展，使人们从繁重的计算应用中解脱出来。到了 20 世纪，数字化电子计算机的诞生打开了电子科技发展大门。从 20 世纪 80 年代至今的计算机基本上都是属于第四代计算机，它们都采用大规模和超大规模集成电路，伴随网络科技的迅猛发展，数媒硬件产品越来越多，应用范围也随之变得更加广阔。

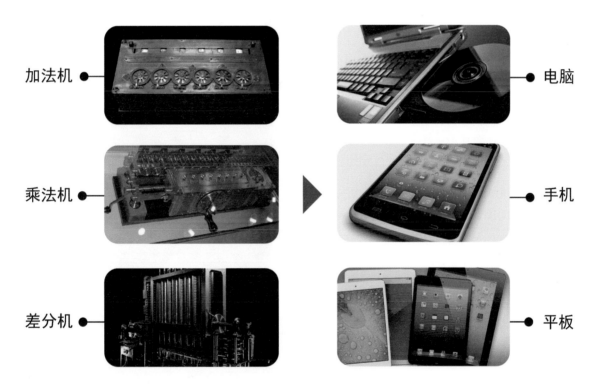

加法机 · 　电脑
乘法机 · 　手机
差分机 · 　平板

数媒界面硬件设备的发展变化

数媒硬件的发展，为信息快速传播提供了良好技术平台的支持，同样也为更多的数媒设计界面开发提供了良好的技术支撑。在数媒软件上，PC 系统与苹果系统的竞争到移动端口安卓 Android 与苹果 Ios 两大体系的并存，给用户提供了更多的选择空间。

说到数媒系统的载体不得不提到 Apple 与 Microsoft 两大体系。　苹果公司与微软公司在软件操作平台的设计理念特色分明。Ios 系统分为：核心操作系统 (Core OS Layer)、核心服务系统 (Core Services Layer)、媒体系统 (Media Layer) 和可触摸 (Cocoa Touch Layer) 四个层次。微软系统则重视技术核心 (Kernel)、用户界面 (User) 和图形 (GDI) 三个方面。

设计软件领域有很多优秀的软件开发公司。Adobe 公司则是其中比较有代表性的，该公司开发的设计及办公软件较为系统，涵盖面较广。 Adobe 公司为苹果和微软两大系统平台提供了大量软件，该公司在数码成像、设计和文档技术方面表现杰出。

旗下软件产品涵盖了音频、视效、文档、设计等制作类软件开发。以 Adobe 公司开发的数媒设计软件为代表，涵盖了从文本到平面视觉再到动态视觉的多维设计领域。这些软件的设计开发，为信息可视化与视觉设计多元化呈现提供了强大的支撑。随着硬件设备的普及化，软件的推广度也随之提升。界面设计要求形式简洁易懂，操作方式快捷方便，核心在于专业化体系与大众化体系之间共享关系。

常见的设计软件有：
Adobe Photoshop（位图）
最受欢迎的强大图形处理软件。

Adobe Illustrator（矢量）
很常用的矢量图形处理软件。

Adobe Reader（文本）
该软件用于阅读 PDF 格式文档。

Adobe After Effects
动画图像和视觉效果编辑工具。

Adobe Premiere
后期视频制作工具。

Adobe Audition
专业声音编辑软件。

Adobe Flash
交互式矢量图和 Web 动画的标准。

Adobe Fireworks
GIF 动画，动态按钮、动态翻转图制作。

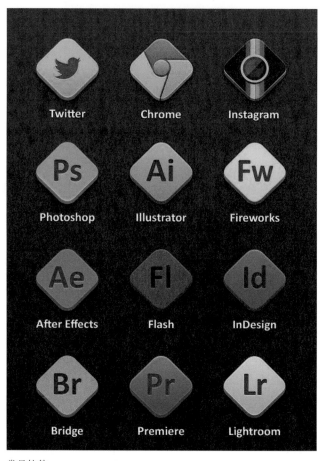

常见软件

第三节 数媒界面的相关表述

数媒界面相关术语泛指在界面设计中设计师的设计方式或者用户体验方式的表述词或专用短语，是对界面设计特点、设计要素或设计呈现方式的一种概括，也可以理解为设计内容的提炼纲领。

一、常见的数媒设计术语

界面式设计：

借助交互墙或屏幕（如手机、电脑等），运用触摸或鼠标键盘选取点击方式，产生阅读的行为，了解信息内容。此类设计的操作方式相对固定，呈视觉化图形表现，观众的心理体验较为直接，但交互行为相对被动，智能化程度不是很高。

网页与 App 界面根据界面尺寸以及程序构架上的不同，视觉设计呈现的方式会有所不同。网页界面中内容比较丰富，更看重版式及设计布局；App 界面则更看重交互方式以及设计的引导，版面信息选取应更符合手势操作的便捷。

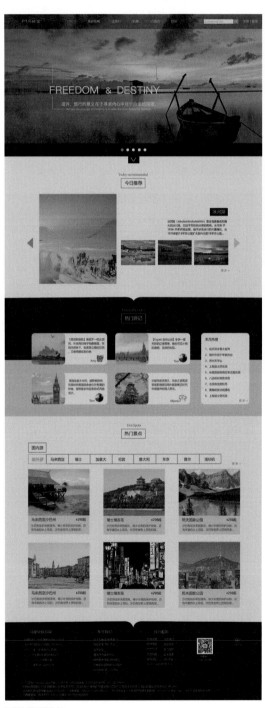

App 界面设计

网页界面设计

美国北部森林之光——沉浸式森林漫步数字艺术展

沉浸式设计：

部分依赖交互墙或屏幕的使用，需要特定的交互设备（如视觉头盔，手柄等）的辅助执行，对体验的空间场所有较高的要求。设计操作方式以全身动作参与为主，视觉方式多以立体空间呈现，让用户"身临其境"是此类设计的核心。观众的心理体验较为间接，交互行为相对主动，智能化程度高。

《国家地理》推出全新的沉浸式 VR 头盔

Cave 沉浸式虚拟现实显示系统

二、数媒设计的技术名词

AR：增强现实（Augmented Reality）的英文缩写。增强现实可以理解为视觉设计的一种技术叠加与拓展。实时地将计算影像交换传输，可在多视角附加生成相应图形图像。这种技术的核心是在屏幕上把虚拟世界影像信息套用在现实世界并进行互动。

AR 设计视觉特征：现实增强

VR：虚拟现实（Virtual Reality）的英语缩写。虚拟现实技术是一种可以创建和体验虚拟世界的计算机仿真系统。通过视觉环境的设计，视觉引导使观众暂时脱离现实，完全融入设定环境中，并产生互动行为。技术核心是利用计算机生成一种模拟环境，通过多源信息融合，运用交互式的三维动态视景和实体行为的仿真系统使用户沉浸到该环境之中。

VR 设计视觉特征：虚拟视效

MR 设计视觉特征：现实与虚拟并存

MR：混合现实（Mixed Reality）的英文缩写。混合现实技术在虚拟现实技术的基础上进一步发展，该技术通过把虚拟环境中引入现实场景信息，在虚拟世界、现实世界和用户三者之间搭起一个交互反馈的信息回路，用户在虚拟与现实的互动中有很高的主动性，空间环境切换用以增强用户体验的"真实感"。

全息投影：全息投影技术（Front-projected Holographic Display）也可以称虚拟成像技术，是利用干涉和衍射原理记录并再现物体真实的三维图像的记录和再现的技术。全息投影可细分为光全息、数字全息、计算全息、反射全息、声全息技术等。其在测量、显示、识别、加密各领域应用广泛，生活常见的传统全息技术多是光全息技术。

视觉转化，融入虚拟空间

章节重点：

随着时代的进步，数媒界面的概念与发展。

章节难点：

根据不同的数媒媒介、不同的设计需求，界面内容的设计匹配度。

课后思考：

AR 设计、VR 设计、MR 设计、全息投影界面设计内容的差别，与各自特有的视觉特征。

课后作业：

比较 AR 设计、VR 设计、MR 设计、全息投影的界面设计设计视觉特征，进行调研分析。

贰

数媒界面是为用户快速识别以及便捷传达信息而设计的媒介。设计原则总体来说是通过视觉界面的设定，保持界面风格元素的协调与统一，引导用户了解传达信息，同时让用户在交互行为中拥有一定的掌控力，当然减少用户的理解和记忆难度也是必不可少的设计原则。作为设计师我们应该根据需求，对设计实施的方式方法有一个合理的规划，设计原则是能帮助设计师自我审核，保证既定设计目标的顺利实施。

数字媒体界面设计原则

第一节 信息传达简洁

用户接纳并更好地使用交互产品，简洁的信息传达是界面设计的核心。用户打开界面在了解信息过程中如果寻找关键信息花费时间过长，会动摇用户继续使用此交互产品的信心。要进行良好的信息传达，在界面中的信息元素设计应注意层次关系、版面中所处的位置，以更好地提升用户使用的效率。值得注意的是，一定要区分关键词"简洁"和"简单"。简洁的信息传达是界面设计中的合理性问题， 而简单的信息传达是一个信息量问题。

一、用户使用原则

在设计界面时，首要的是了解定位针对的用户类型，也可以了解使用者的阶层群体的背景与需求。划分用户类型是十分必要的，一般情况下可以根据年龄、性别、阶层等方面去分类。但有时遇到的用户类型层次跨度较大，就需要在界面设计整体的基础上用一些特色界面或图标进行相应的设计划分。在确定了用户类型以后，设计师在界面设计时要有预判概念。将不同类型的用户特点及喜好用设计语言呈现，并且能预测用户对不同的设计界面的理解，我们常说的"试运行""测试版"都是为了分析用户反应后，针对性调整界面设计内容，以便能获得更好的体验效果。

用户范围的设定是非常重要的初始环节，界面设计风格无法兼顾并精确到每一位用户的喜好。信息明确与简洁大方的设计是设计师不二的选择。上面三张网页界面设计主题同为餐饮类（火锅），设计师需要对该行业现状有所了解，进行市场定位：锁定 18~36 岁人群，即较为年轻的消费人群。营销突破：呷哺在产品选择上避开了传统的大火锅模式，定位于吧台式自助小火锅，与茶饮相结合。竞争优势：磁炉加热的吧台式分餐火锅环保和安全；形式新颖；标准化的产品处理方式，大大加快了用餐速度；一人一锅健康卫生；火锅的形式部分靠顾客自助，大大减少了人工服务成本。通过多方位的分析，才能有的放矢地进行设计。

二、信息量化原则

在界面设计里其实信息量是非常庞大的，正因为信息量大，更需要设计师将信息梳理、归类后，用"以小见大""以少博多"的设计把视觉呈现在用户面前。用"最小量信息"呈现信息精华是界面设计的要旨。这里说的"最小量"是设计信息归纳、处理、突显或删减后呈现的，目的是帮助用户理解记忆，并要尽力减少用户记忆的难度与负担。

以信息量化充实界面，丰富的信息经过梳理，使人阅读轻松，能有效地提升用户的记忆度。作为旅游主题网页界面来说，信息量很大，除了介绍性的图文，与旅游相关的服务类别也非常多，我们需要在设计时注意图片的规格统一，避免视觉凌乱复杂。合理运用视觉设计按钮图标的优势，在不影响界面版式简约的同时用交互手段提供量化信息的呈现空间，可谓一举两得。该设计整体配色为黑色与马蜂窝的品牌色橙色为主，黑色凸显网站的大气简约，橙色代表活力和热情，整体配色和谐统一。设计背景有太空的感觉，与星球图案融合，给人一种遨游世界的感觉，增加了网站的活力和趣味性。每个版块布局分割清晰明确，给人简洁直观的感受。

三、引导提示原则

在界面中大量的文字及图形设计、有关键提示的信息会有意识地增加视觉或特效，在界面中根据交互需求，有效地区分静态阅读与交互信息，提示有链接关系的设计点，引导用户交互行为，及时地反馈消息。界面内容的提示功能可以有效地指导用户与交互界面产生互动，帮助用户很好地理解与处理问题。在界面设计的引导提示原则下，界面设计不再是单一的传递信息，界面中的很多信息设计不仅是表达讲解，更是设定问题与用户共同解答。在界面设计的观念上要改变"平铺直叙"的信息表述，转变成"一问一答"的信息传达方式，在设计中设定好提示功能去激发用户参与其中，将主动权交给用户。

引导提示在界面设计中的作用很大，方便查找避免遗漏。该范例作为购物网页，信息量是十分巨大的，从产品分类到选择购买是一个引导渐进的过程。这对设计师的逻辑思维与条理规范是一个挑战。良好的层次引导，信息图文并茂，生动的图形与文字按钮区分信息内容，让引导指令更清晰。

界面中提供贴切的图形，配合文字描述，无疑对信息的引导提示提供了良好有效的帮助。这一组界面设计总的来说是对信息节奏上的把控，第一和第四张设计突出呈现操作信息选项前后的起因和结果。引导提示设置完善的操作过程，能有效避免设定信息不连贯而出现的操作断档的情况。

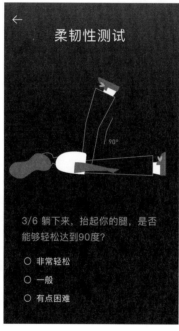

四、媒介共享原则

承载数媒界面的软硬件平台有很多，硬件如手机、电脑、iPad 等，还有不同的软件如设计类、视听类、工具类等，它们的系统以及尺寸规格都不尽相同。兼容方式也分向上兼容（低版本在高版本中运行）和向下兼容（高版本与低版本并存），兼容性能够避免开发"断层"，不用"推翻重建"而进行"及时更新"节省大量人力物力，有效提升效能。设计中为了保证兼容性的良好运作，一定要在适应性方面下足功夫。硬件兼容了，我们就应该多考虑设计视觉在不同媒介的"适应度"问题。在设计过程中就应该考虑到"平台差异"与"更新扩展"两方面的需求进行"弹性设定"，对设计图形的位置、规格尺寸进行规范，预设在不同情况下视觉呈现方式的变化。

每一种数字媒介都有自身的优势，也有自身所擅长的领域，但都有范围性，不能相互替代。由于不同的媒介在尺寸、规格、用途等方面都有所区别，意味着界面设计在不同媒介传达同一信息时，

需要根据媒介的不同设计多重版本以适应需求。这种设计做法并非不可行，但非常的费工费时，有可能耽搁信息传达的实效性。传达共享这个原则对界面设计提出了要求，寻找不同媒介的共同或相似特征，在界面设计中重点调整图形视觉元素与构架的"比例关系"，寻求信息内容在不同媒介中的位置关系，增强界面设计元素在不同媒介中的契合度。也就是我们常见的一种说法"自适应"，在信息处理与分析中，根据信息特征通过自动调整处理方法、处理顺序、处理参数、边界条件或约束条件，使其与所处理数据的统计分布特征、结构特征相适应，以取得最佳的处理效果的过程。界面设计的媒介共享设定，比较直观地体现在响应式设计在不同平台视觉的变化。

该案例采用这种布局给人一种简洁直观的感觉，使网站使用起来便利。在网页界面文字上不同内容有层级关系，大小适中方便阅读，不仅有便于阅读的阅读文字，还有按钮型的功能文字，点击可以显示更多内容、回到首页、转跳到下一界面，使网页之间产生联系。在 UI 界面设计时也保持了网页与手机界面风格的统一，在配色上都选择了黑白灰的主色调，在细节上增添色彩。设计亮点在于不断浮动的彩色气泡，不仅给黑白灰的主色调添上色彩，浮动给静态的界面也增添了活力和趣味性。

第二节 交互体验便捷

从交互体验中获得信息传递并反馈信息的本体是人。人对于客观事物的认识是一个过程，都是通过感官（视觉、听觉、嗅觉、味觉、触觉）加上记忆、思维与联想完成的。无论是设计开发人员还是用户，在信息的交互体验过程中，可以理解为他们同时扮演着"加工者"和"参与者"两个角色。在角色的转变中，设计者与用户的主被动关系不似传统平面设计中那样分工明确，"我做你看"的设计方式在数媒设计中是不可取的，我们应该在设计中说："我怎样做，你怎么看。"数媒设计中的信息反馈有很强的"即时性"，应根据需求的变化会进行相应的调整，以满足不同层面用户的需要。

一、用户认知

作为界面设计的开发者，必须了解用户的认知过程。"认知"这个概念不难理解，通过视听、触摸等感官行为，通过设计图形及音效等手段，使用户接收后，将输入大脑的信息和记忆中的信息进行对照比较，理解该信息的同时并能作出解释，这个了解熟悉的过程称为认知过程。界面中如果对已有信息的认识重复过多，容易让用户产生"疲劳感"让设计感觉乏味。而设计创新在获得新奇的同时，必然增加认知过程的难度，使设计内容难以读懂。在设计界面的时候一定要把握好"约定俗成"与"独树一帜"之间的分寸，设计中走极端的行为都是不可取的。

提升用户认知，拉近彼此距离，能更快地获得用户的认同。这三个网页设计，其中第一款样式以扭蛋机为创意设计特点，将生活中的产品样式与界面版面样式结合设计，紧扣主题，用认知加深认同。后两款设计用了背景图形来提升视觉设计的特色，是不错的创意。视觉重复率较高，信息引导明确，版面简洁。

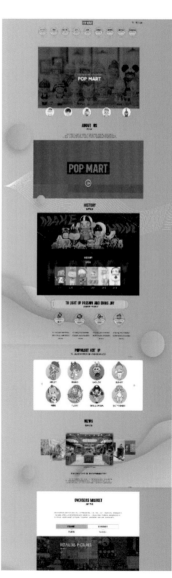

二、用户心理

用户心理的研究在界面设计中的地位十分重要，常言说"知己知彼"，了解分析用户的心理状态，让界面设计信息的设定与表达获得大量的指导依据，真正做到"有的放矢"。现代认知心理学的概念：在逻辑思维上"人脑"好比"电脑"同样具备完整的信息加工系统，通过信息传递与信息加工，去分析研究人的心理活动，从而提升用户与信息的契合度，激发用户主观能动性。获取界面信息传达是否达到了预期效果，检验界面设计产品的推广力度，都可以从用户的回馈中寻求答案。从用户的心理角度上看，可以归纳成使用前心理与使用后心理，下面我们就来分析一下用户使用前后的一些心理状态，针对用户不同的心理活动对界面设计做出相宜的调整。

（一）用户使用前心理

用户的选择性心理：用户容易纵向比较，一款数媒产品根据市场诉求"从无到有"，用户在了解信息内容是"更新升级"还是"开发创新"以后才作出选择是否接纳。用户容易横向比较，当信息设计内容相同或相似时，用户会根据信息表达清晰度，信息理解难易度，操控方式难易度对同类数媒产品进行比较后作出选择。对于用户来说选择是多元的并且善变的，对信息内容的及时回馈，快速调整适应是十分必要的。

用户的排斥性心理：用户的偏好与习惯因素有时也会左右选择行为。当用户已经接纳了信息并使用一段时间后，必然会有惯性思维产生一些行为上的"定式"。打破"定式"在设计中固然是好事，但有时"另辟蹊径"的创意如果不能吸引用户，打动用户采用新的模式，就会造成用户口中的"越做越差"的评价，对信息的传达增加阻力得不偿失。如果让一款信息设计做到架构完整、引导明确、操作便利、视觉创意表现力好，必然会快速得到用户的肯定并欣然接纳。

（二）用户使用后心理

用户的思变求新心理：就是一种视觉形式看久了，信息内容长时间无更新，用户必然产生乏味感。一成不变的信息设计本身就已经违背了现代网络信息即时性原则。数媒设计最大的特点就是信息传达快和覆盖领域广。用户需要通过数媒信息即时了解最新资讯。在界面设计时，我们就应当提前设定哪些是界面中常驻的关键信息，哪些是界面中可变更的即时信息，合理安排信息设计位置，预留足够的信息更新空间，通过更新信息的新视觉让界面设计视觉不断产生新变化。

用户的操控性心理：数媒设计将信息表述通过不同媒介传达，这一步仅仅是一个单向信息传达的方式，并没有进行交互体验行为。当信息传递给用户以后，还需要等待用户信息回馈后，比对信息做出调整。信息回路的整个过程才真正完成交互行为。其中这两个咖啡主题界面设计风格迥异，有网格系统模式的，有插图为设计特色的，它们都是有特定主题风格的呈现，设计是否达到了要求，需要用户使用检验及评判。为了了解用户心理，适当地分析与调研必不可少。主要消费群体：上班族、海归族、大学生、自由职业者，需求与界面信息强化阐述了品牌介绍与理念，需重点展示产品展示例图、冲泡方法、咖啡文化、产品分析。设计体现简约大方、一目了然的气质。能抓住用户心理，无论界面设计形式如何多变，都会变得有据可依。

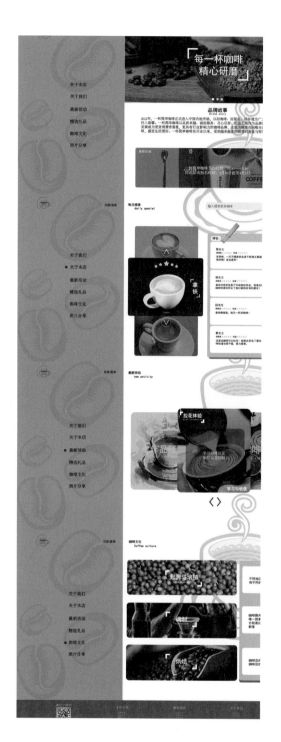

第三节 视觉设计规范

界面视觉设计的统一，并非是指视觉呈现模式整齐划一。重要的是体现视觉信息的协调性，界面视觉设计中的版式、文字、图形与色彩的搭配，紧扣设计主题，定位要准确并从"层次"与"贯穿"两个关键点切入展开设计。统一的视觉是界面设计整体性的保障，设计中应避免出现会让人产生误解、难懂的视觉信息，更不能使界面出现"东拼西凑"的视觉感受。

一、定位设计

"定位设计"英文 Position Design，意思是指在设计初始阶段，首要任务是根据设计诉求，明确设计目标，为设计实践提案提供思维架构，设想在设计实践中可能遇到的问题准备多套解决预案。定位设计为设计内容的精准奠定基础，能大大提升交互信息与用户之间的契合度。对设计定位进行综合分析，确立设计范畴，找寻设计方向。

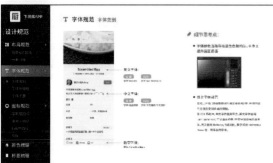

该设计主题为食谱 App 界面设计，目的为打造一款一站式服务的 App 平台，帮助厨房初学者系统性地学习做菜，提升烹饪水平；同时提供热爱美食、热爱下厨的"厨房老手"一个分享社交、交流经验的平台。该款 App 拥有庞大的菜谱库和详细的步骤流程，切实有效地帮助厨房初学者系统性地学习做菜，同时在一定程度上解决纸质类菜谱的问题，如：内容过多却检索不方便；厚重，不容易保管；在厨房场所翻阅也会有危险隐患，做菜时无法随时翻阅等问题。通过目标人群及用户画像，了解用户对象，根据分析比较设定设计规范参考。

二、视觉元素的趋同

数媒界面设计根据媒介的不同虽然会有一些设计视觉以三维方式呈现，但是大部分的呈现方式还是平面化视觉。界面设计中的设计语言仍然脱离不了文字、图形和色彩的三大应用。在平面视觉方式下的图形元素常见"扁平化"视觉效果。文字则多选用"黑体""宋体"等常用字体，各种设计花体字在界面中大量使用会让界面视觉杂乱。色彩也多选用大色系框架下点缀小色块的做法，视觉元素的趋同不易破坏界面的视觉整体性。

该范例是一款以天气为主题的移动端界面设计，融合矢量插图与数据图标形成极简设计风格。设计中大量的设计留白给人一种呼吸的感觉。在界面版式设计视觉样式及风格统一的情况下，设定了白昼与黑夜两套版本设计样式进行切换。在图形与文字的设计中，避免复杂琐碎，选用点线面的构成设计样式，简约大方。正因由此设计设定，能使整个界面中的多个层级，不同信息的设计处理后，仍体现出较为统一的界面设计风格与视觉样式。

该案例为同主题的不同层级的界面，从版式布局到设计元素的视觉形式趋同性明显，整体性设计表达较好。

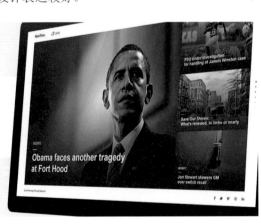

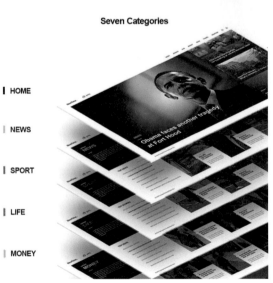

三、界面设计兼容性与适应性

兼容性与适应性的视觉体现响应式。设计模式主要就是基于设备和内容，根据移动设备的尺寸来进行断点，内容具有较高的可读性，对内容的布局可以不用考虑设备，根据自身的弹性自行断点，呈现出不同的形式。 平台共享体现在同一主题的多平台展示时，视觉信息的统一与变化。媒介共享不仅提升信息传播的覆盖面，更为用户提供了更多的选择方式，并有效地提升传播力度。

该案例从两组对比的界面设计中，可以看到同一主题的视觉设计，在 PC 端与移动端的设计布局，以及设计元素的大小，位置在不同媒介中的版面视觉的变化。该设计在设计之初就将兼容与不同平台的适应度考虑进去。设计中融合了大量的平面设计印刷制品的设计概念。VI 树图形图案，将线下印刷展示框架内容（品牌 VI），变成线上动态视效的设计元素方式。从无到有的动态视觉方式呈现（网页动效）融入绘画视觉，VI 树打破了网页设计的网格系统，从设计概念上来说算是传统概念和创新潮流的一次融合。

界面排版的方式，运用书籍编排阅读方式，进行网页版面设计的转换运用．最终不仅在大量的文字阅读中，能主次分明，加快阅读速度，通过品牌色和留白的灵活运用，也更加提高了企业的品牌宣传性。一站式滚动浏览方式，界面设计考虑以信息展示阅读为主，不宜层级跳转过多，一站式浏览方便快捷，能迅速找到信息重点。一站式界面，交互上可直接从 banner 栏点击至对应详情说明文字区域，简单快捷。体系模块设计，针对花旗银行的简历投递环节，定制版简历模版 。模块化数据，对公司审核机制省力，避免五花八门的简历过于纷杂。网页动效，在首页交互上，不采用单纯的瀑布流式浏览，而是添加单屏滑动动态和整页面跳转，穿插于其中的动效是 VI 树的生长与开花结果，寓意美好。

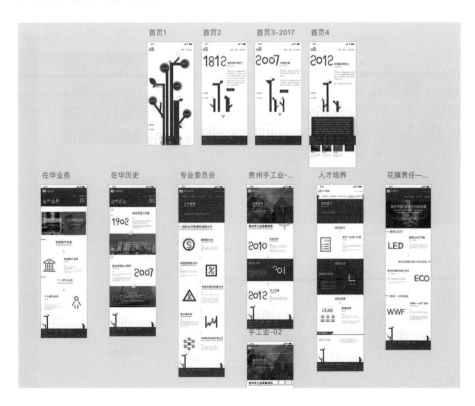

四、网格模块化结构特征

模块化结构在数媒界面设计里特征明显，此特征的"梳理性功能"非常实用。设定好界面主视觉后，将界面中不同的信息主体进行分类，通过网格划分到不同的视觉区域进行设计深入及拓展。就好比数媒界面是一个书柜，模块化结构则是书柜里不同的格槽。界面设计的模块化结构还有一个好处就是"替代性功能"。当界面视觉中某一处信息，失去时效性需要更新的时候，只需要将新的信息进行置换，而不会对界面的使用以及视觉整体性产生较大影响。

从该案例中的三个界面信息比较来看：第一个界面需要在替换信息时再次创作插图，费时最多；第二个界面在替换信息时，图片规格形状有区别，需要费时"量体裁衣"对图片进行设计裁剪；第三个界面版型较规整，图形尺寸有标尺可寻，模块化结构特征最明显，在信息更新与替换时最便捷。

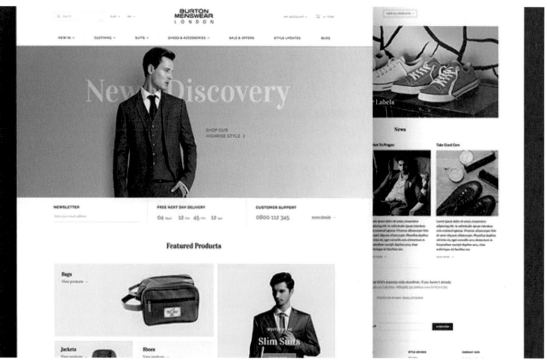

第四节 细节精致完善

"过程决定结果，细节决定成败。"在界面设计中会用到一些视觉特效或者一些动效表现，这些独特的个性化设计会在界面里增光添彩。值得注意的是，在特效的应用中应把握分寸，不宜将界面的"画龙点睛"变为"零碎杂乱"。除了特效设计体现界面细节外，界面中的设计元素齐整，文字内容清晰无歧义，设计图标的系列感，区域留白及界面设计的层次空间都是体现界面细节精致的特征。

一、具象与抽象

抽象本身就是一个模糊概念，而具象可以通过对细节的刻画帮助理解冲向概念。在现实生活中除了客观现实的事物以外，还有很多概念比较抽象，需要运用界面设计中的文字解释与图形表述帮助理解信息含义。通过为用户提供相对较为具体的形象，一方面让用户在引导下能够自主地归纳总结，另一方面通过图形识别系统的模拟，完成由抽象到具象的描述，以便用户能深入了解信息的概念和设计的原理。

该案例设计中，就能明确具象与抽象概念的视觉设计感受的不同。图标和"天气"界面中的插图相较与照片图示要抽象得多，为了帮助理解在图标下方配以说明文字。抽象的视觉元素理解难度提升，但往往会激发用户的好奇心。具象的设计视觉则更容易理解，与用户拉近距离，快速地获得认可。

该案例设计为天文馆界面主题，界面中结合几何抽象图形、具象写实图片，插画模拟处理图形等视觉样式组合烘托遨游太空的氛围感。设计中比较突出的特点有飞船模拟在宇宙预设轨道上探索太空的场景，带用户亲身体验在太空遨游的奇幻之感，飞船运行到轨道上的星球附近，设计点击了解感兴趣的星球相关天文知识。标题上的元素是星球围绕着轨道运转，增加活泼感与科幻感，契合太空主题。模拟飞船驾驶舱操作台场景，借用地球模拟投影仪投射出每个场馆楼层及展览信息。设置时间轴点击可观每日天象，设置浑天仪旋转式点击可选择影片播放。月球授课的宇航员，配以未来主题科技感屏幕，移形换景十分生动。馆内动态采用明信片标签样式，在界面中可动效浮动。设计运用抽象与具象图形，有效地将众多交互功能合理呈现且视觉设计简洁明晰。

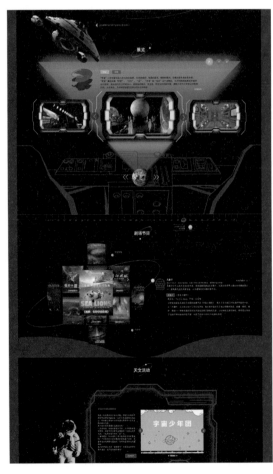

二、信息可视化

生活中最常见的可视化信息就是语言文字。但语言文字是通过学习、理解和消化后的知识信息，相对于视觉呈现不是那么直观。信息可视化这个概念简单说就是信息图解化，通过图示补充语言文字信息在理解方面的不足，在设计上尽量运用图形、图标、动画及颜色等比较直观清晰的元素，去配合文字语言表达一些比较难懂的，如公式、工程原理、测量或较为抽象的概念。

可视化的信息能帮助提升用户对于难懂信息的理解，还可以在一定程度上增强版面的视觉活跃度。该案例中三张界面设计同为运动健康主题，通过数据分析、筛选和归纳，运用插图、图示、标签等视觉设计表达，使用户的阅读更加简便、更加直观的同时，更是增加了界面设计的美观，可谓是一举多得。

三、模拟与创新

模拟就是模仿表达的意思。在设计界面前我们就应该问自己几个问题：运用什么系统进行模拟，通过什么类型的设计语言进行模拟，选择什么媒介平台呈现模拟，而设计细节的制作均由上述问题所左右。此处的创新则是指视觉设计、界面构架、图文图示是否在满足界面功能的前提下，细节刻画的新颖度与视觉冲击力。通过创新能加强对用户的吸引，启发思维提升用户的参与度，激发用户的求知欲并能满足其创造愿望。

界面设计中的模拟的图形样式本身就是创新的设计过程，将表情、场景、道具通过设计简化，突出特点呈现在界面中，让用户有强烈的"相识感"，增加用户使用的意愿。该案例中第一组设计结合书橱的样式与木纹的材质，模拟贴近日常生活场景道具。统一的木纹方形立体图形上烙印出说明图标，质感十足，相较扁平化图标更加生动。

第二组设计是界面中的插图设计，模拟生活场景，运用漫画式与几何构成设计出视觉画面，多场景的归纳融合至同一画面的设计表达是此设计的一个特点。后期通过 Gif 动效图形在界面中的呈现，营造出更具视觉冲击力的设计。

四、差异化需求

数字界面设计本就是针对大众群体的设计产品。大众群体的范围广大，常言说"人上一百，形形色色"。在设计中往往会遇到众口难调的尴尬境地，而又会受到设计内容整体性、投放平台多样性等因素的限制，只能在设计细节上进行调整。根据不同群体的差异需求，设计细节既要有差异化以区别不同需求，又不能打破设计视觉的整体性与系列感。在设计中我们应当深刻领会求同存异的设计方法，在相同中找差异，在差异中求相同，才能真正让用户感受到设计细节即是设计亮点。

该案例第一组界面中，都是以圆形作为视觉设计的特点，在布局及色彩等差异化表现下，能非常直观地感受到界面设计内容所面对的不同群体。第二组界面中，界面设计的主题内容与范畴是一致的，同样可以用布局及色彩等差异化表现，根据面对的不同群体，表达同一主题范畴中的不同侧重点，这种差异化设计能提升同类产品的竞争力。

章节重点：

数媒界面设计需求分析与设计规划。

章节难点：

数媒界面设计需求明确，了解用户心理，设计信息表达清晰，有较强的适应性。

课后思考：

（1）如何通过用户人群的需求，获取信息内容的设计定位。

（2）如何加强数媒界面设计中的视觉内容呈现、引导功能与操作使用的契合度。

课后作业：

（1）设定设计主题，寻找三款同行业类别数媒界面设计，对设计特征进行比较分析。

（2）寻找两款不同行业类别的数媒界面设计，分析针对不同内容与需求的设计表现。

（注：可以用户、信息内容、视觉表达等方面为依据展开分析）

叁

数媒界面设计内容包括启动界面、视觉主界面、框架界面、分级界面、菜单界面、广告栏及图标按钮设计等。在设计中应该注意不要为了设计的美化而盲目增加信息量，相反造成用户"选择困难"的尴尬。而了解设计流程可以帮助设计师梳理信息，做好分析到设计完善的每一个步骤。

数字媒体界面内容与设计流程

第一节 数媒界面平台类别

数字媒体界面的运用平台是多样性的，常见的包括 Web 端、PC 客户端、移动端等平台。无论界面设计在怎样的平台端口呈现，设计师都需要把握设计元素的适应性与兼容性，把握设计视觉的整体并能体现独有的设计创意。

一、PC 端系统

PC 端界面软件大体可归纳为系统软件与应用软件。这两类软件分别是基础操作平台和应用领域功能扩展相辅相成的存在，根据用户在不同领域遇到不同问题与需要，设计开发的计算机程序。

系统软件：设定为不同软件应用提供基础操作，向硬件设备传输（向内存储，向外读取）数据，对数据管理加工的可视化系统平台。系统的操作由一系列指令来完成,将这些指令组织集中在一起,形成专门的软件，用来支持应用软件的运行，这种软件称为系统软件。一般来讲，系统软件包括操作系统和一系列基本的工具（编译器，数据库管理，存储器格式化，文件系统管理，用户身份验证，驱动管理，网络连接等），是支持计算机系统正常运行并实现用户在系统里顺畅的操作应用软件。常见的系统有 DOS 操作系统、WINDOWS 操作系统、UNIX 操作系统和 Linux、Netware 等操作系统。

应用软件：应用软件是和系统软件相对应的，用户可以使用的各种程序设计语言，以及运用程序设计语言编制的应用程序。一般来说，系统会自带一些基础应用软件供用户使用（如浏览器、计算器、音频解码器等）。当然用户也可以根据自身需要，在系统平台中安装不同的应用软件。应用软件是为满足用户不同领域、不同问题而提供的应用程序，拓宽计算机系统的应用领域。作为设计师都不陌生的设计应用软件，如 Adobe 公司旗下的 Photoshop、 Illustrator 、Flash 、Fireworks 等，运用这些应用软件完成了大量的设计制作工作。

二、移动端系统

移动端的基础平台统称"PDA"（Personal Digital Assistant），又称掌上电脑、个人数字处理器、辅助个体工作的数字工具，主要提供记事、通讯录、名片交换及行程安排等功能，也可以帮助我们完成在移动中工作、学习、娱乐等。按使用来分类，分为工业级 PDA 和消费品 PDA。工业级 PDA 主要应用在工业领域，常见的有条码扫描器、RFID 读写器、车载媒体等，都可以称作 PDA；消费品 PDA 包括的比较多，如智能手机、平板电脑、手持的游戏机等。

其实"掌上电脑"是相对"台式电脑"便携性功能而研发的，是为了消除台式电脑的五大限制，即：移动的限制性、使用的复杂性、移动联网的困难性、价格的昂贵性、用途的闲置性。带有PalmOS、WindowsCE 或者其他开放式操作系统（Android、Ios），通过移动通信网络来实现无线网络接入，可以由用户自由进行软硬件升级，可以加装软件，甚至可以自己开发程序在上面运行，使用操作简单、移动方便，功能实用的设备都可以纳入掌上电脑的范畴。在移动端运行的应用软件统称为"App"软件，包括由 PalmOS、WindowsCE 、Android、Ios 这四大操作系统自带的工具型软件，以及根据用户沟通、社交、娱乐等活动需求，自行下载安装的第三方服务商提供的应用程序。

三、网络端系统

Web 端界面设计内容主要通过浏览器方式呈现。主要的技术语言包括 html/html5 语言、 CSS 样式表等，html/html5 语言主要控制页面的布局，而 CSS 能够将网页中的元素位置在排版上精确控制到像素级，可以即时调整信息的字体及字号样式，对网页信息与版块内容有强大的编辑的功能。

根据网站主题内容的不同，在平面视觉，导航分布与操控，信息分层与色彩定义都不相同。在具体内容上分为注册登录页、首页（主视觉页）、导航栏、层级页（二级、三级页）、特殊页等。

（一）网页设计以对象为核心分类

B2B：也写成 BTB，是 Business-to-Business 的缩写。是指企业与企业之间通过专用网络或 Internet，进行数据信息的交换、传递，开展交易活动的商业模式。它将企业内部网和企业的产品及服务，通过 B2B 网站或移动客户端与客户紧密结合起来，通过网络的快速反应，为客户提供更好的服务，促进企业的业务发展，代表如阿里巴巴。

B2B：阿里巴巴海外版网站首页

B2C：是 Business-to-Customer 的缩写。而其中文简称为"商对客"。"商对客"是电子商务的一种模式，也就是通常说的直接面向消费者销售产品和服务的商业零售模式。代表如京东。

B2C：京东网站首页

C2C: 淘宝网站首页

C2C：实际是电子商务的专业用语，是个人与个人之间的电子商务。其中C指的是消费者，因为消费者的英文单词是Customer(Consumer)，所以简写为C，又因为英文中的2的发音同to，所以C to C简写为C2C，即Customer(Consumer) to Customer(Consumer)。意思就是消费者个人间的电子商务行为。比如一个消费者有一台电脑，通过网络进行交易，把它出售给另外一个消费者，此种交易类型就称为C2C电子商务，代表如淘宝。

B2F: 一汽大众 - 奥迪网站首页

O2O: 苏宁易购

B2F：是电子商务按交易对象分类中的一种，即表示商业机构对家庭消费的营销商务、引导消费的行为。这种形式的营销模式一般以品牌推荐＋目录＋导购＋店面＋网络销售＋送货＋售后为主，主要借助于DM和Internet开展销售活动。它相对于C2C、B2C模式是一种升级模式，属于一种导购或销售模式，针对各个领域的不同细分顾客群体。

O2O：即Online To Offline，即形式为网上与线下的结合，可以将线下商务的机会与互联网结合在了一起，让互联网成为线下交易的前台。这样线下服务就可以用线上方式来揽客，消费者可以用线上来筛选服务，还有成交可以在线结算，很快达到规模。代表如苏宁易购。

（二）网页设计以功能形式为核心分类

搜索引擎类网站：也称为门户网站，是指通向某类综合性互联网信息资源并提供有关信息服务的应用系统。此类网站的内容往往具备信息多元化特征，多是通过建立对话框功能，使用户输入关键词句，将收集整理信息有规律的排列呈现在用户面前，供浏览者选择性了解。此类网站的信息量和访问量都十分巨大。此类网站的定位是检索形式，很多具体信息内容的来源渠道较广，在界面设计中对于对话功能与信息分类的要求比较高。常见的有百度、谷歌、新浪等门户网站。

资讯传媒类网站：此类网站一般有较大的企业背景，业务范围相对较广。比如腾讯包含了影视、娱乐、资讯、人脉、游戏和制造等多维度资讯。此类网站界面设计内容既要突出企业理念和形象，又要保证较为庞大的资讯信息传达顺畅，对界面内容的布局以及视觉元素的表达都有较高要求。

品牌形象类网站：此类网站一般针对的是中小型企业或单位，业务范围主线明确，相对单一。比如汽车品牌网站、设计师个人网站等，在信息内容上有特定的区别于同类产品的特点，不似前两类网站信息庞杂，面对的用户群体相对固定，往往为设计师在界面设计中独树一帜的创意提供了较好的发展空间，也是对设计师的审美与创造能力的检验。

购物类网站：此类网站提供网络购物方式，是通过C2C、B2C、B2B的销售形式关联买家、卖家以及中介方提供服务的平台。此类网站除了首页（主视觉页）、导航栏、层级页等必要的常规视觉设计要求以外，对产品的拍摄视效要求较高，在界面设计中注重服务性功能元素的设计，特别是第三方的保障功能。在界面设计中的评论区域版块的设计也是用户十分看重的。此类常见网站有淘宝、京东、易趣等。

第二节 数媒界面设计步骤

数媒界面设计通过数据分析、关系架构、界面视觉、编码输出、调整完善这五个步骤完成整个设计流程。设计的流程可以控制和检验数媒界面信息的适应度，在设计中千万不能颠倒步骤的顺序，或者是强调某一个步骤而忽略其他步骤的做法都是不可取的。

一、数据分析

了解市场定位与产品定义：要考虑行业中有多少同类产品，是开发新产品还是产品更新，产品的优势与劣势。梳理用户群体了解需求：确定用户范围，包括性别、年龄及社会背景等。判断分析用户的心理述求。策划传播概念规划运营方式：设定设计核心，也许用一句广告语，也许用若干个关键词概括表达传播理念。根据推广要求确立运营模式，运营的渠道非常多（包括机械印刷、电视报刊、网络传媒等），要知晓运营方式是线上线下同步还是单一渠道传播，是多端口共享还是唯一端口发布。

二、层级架构

界面架构信息的主次关系：以常见的网页或是 App 软件为例，一般来说单一界面设计中引导功能为主的导航信息（通常是关键字符或按钮形式）都会放在界面醒目的地方（界面居中偏上的视平线位置），而企业介绍、联系我们、链接地址等次要信息一般都放在界面底部或者做在分级页中。在手机 App 界面里，由于版面面积有限，界面底部往往会出现快捷功能图标。有些次要信息一般都整合起来，放置到界面右上角或左上角的扩展目录（Apptab）中去了。界面中信息位置布局的主次关系，通常是以人的视觉方式和阅读习惯（由上至下、由左至右）来界定的。

界面架构信息的层级与链接：界面设计中的启动页、主页、分级页、特殊页等不同界面的存在只是反映了界面的交互关系，它们之间的从属性并不能代表界面信息的强弱。界面设计的层级关系其实就是路径引导与转链关系。从启动界面到分级界面可以理解为引导从提要到阅读内容的"串联关系"，也可以说是界面的"从属关系"。而分级界面以及特殊界面可以理解为对不同章节内容详尽了解的"并联关系"，也可以说是界面的"平行关系"。将完整的所有界面并联和串联后，贯穿起来就形成了交叉关系，反映到用户使用状态中就产生了我们说的"交互行为"。

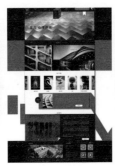

  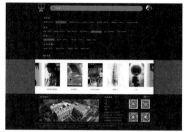

该案例的界面设计以图书馆为主题，视觉元素设计融入了折纸艺术形式活跃版面。设计方式上有一定的见解，考虑到界面针对校园内部系统的统一通用性，登录页选项简化至学号密码即可，搜索页给用户直接筛选项方便快捷。在层次关系的处理上，由主页进入 二级和三级页面，采用左侧固定导航，方便用户选择切换页面，层级清晰，操作便利。

该案例设计是以四季酒店为主题，该酒店的服务核心为全天候量身定制的高品质服务，配合出类拔萃的优雅环境，旅途因此变得像家一般安逸。基于全球化连锁服务性质，界面中需要呈现的信

息内容非常丰富。界面设计注意多层级联动的视觉设计空间，为服务信息有条理的全面呈现提供强有力的支撑。

三、版式布局

界面的视觉设计是开启信息传播的钥匙。确定主题、设定规范、突出重点、条理清晰，运用图形、文字及色彩视觉元素，经过版式布局并带有设计师主观性的表现方式。界面设计的主视觉会定义出设计的风格，以"第一印象"的方式传递给用户，用户印象的好坏关乎到界面信息传达的成效。界面设计视觉也体现了一种强烈的系统性，用视觉呈现界面功能，引导用户的行为方式。界面的视觉设计虽然与平面设计的设计原理有许多共通的设计方法，但基于界面的表达形式、显现方式、功能特点都具备自身独有的设计规律与体系。

（一）网页界面布局

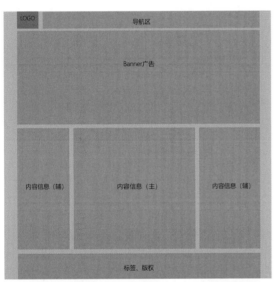

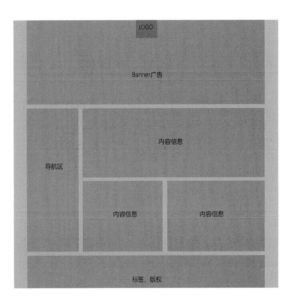

国字类型：也被称为同字型，顶部是网页的标题、横幅广告条，左右分别是辅助或次要信息，中间就是主要内容，最底部是网页的一些基本信息、联系方式、版权声明等。

拐角型：这种类型其实与国字型很相近，只是在形式上有区别，最上面的部分是呈现网页的标志以及网页的横幅广告条，将导航链接移至左侧，方便层级导航的扩展。

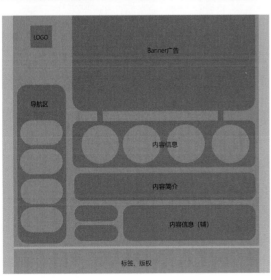

Flash 型：此类型与封面型结构是类似的，采用了类似游戏界面布局，页面所表达的信息更丰富，其视觉效果及听觉效果如果处理得当，可有效地增加视觉冲击力。

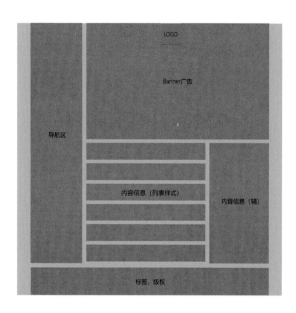

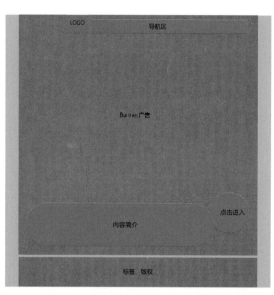

左右框架型：这是一种左右为分别两页的框架结构，一般布局是：左侧整个区域是导航链接，右部上方是标志及广告区，而右部下方呈现主要内容信息，最常使用的是论坛网站，企业网站中的内页有很多是采用这种布局方式的；这种类型的布局特点是结构清晰明了。

封面型：这种类型基本上是出现在一些网站的首页，或者相对网站信息内容较少，也可选此类样式。多是精美图片结合小动画，再加几个简单链接或仅是一个"进入"链接或无任何提示。

（二）移动端界面布局

从信息内容上说，移动端界面与网页界面内容信息相似或一致。由于版面规格不同，移动端界面在版面布局上会有一些独有的特点形式，常见的有翻页式、宫格式、上导式、下导式、舵式、抽屉式以及隐藏式等。

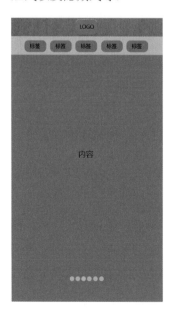

翻页式：优势在于单页面内容整体性强，以及线性浏览方式有方向感。不足之处是不适合展示过多页面，只能顺序查看相应页面，后面内容无法预知，且容易忽略。

宫格式：优势在于清晰展现各入口，容易记住各入口位置，方便快速找到用户，操作更便捷。不足之处是无法在多入口间灵活跳转，不适合任务操作。容易形成更深的路径，数量有限，翻页展现率太低。

上导式：优势在于架构简单轻便，配合手势切换方便，标签入口一目了然，无须跳转页面，对垂直向下浏览任务不割裂。不足之处是顶部区域有限，相比底部需要更小的空间，点击区域高度较小，且不方便单手点击，手势只能挨个滑动操作。

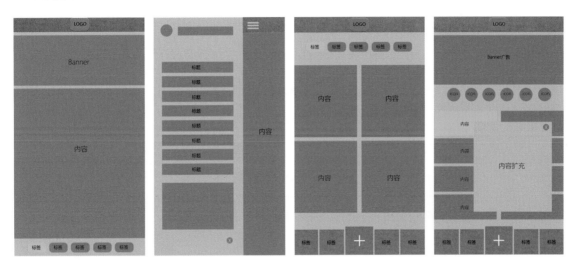

下导式：优势在于入口内容一目了然，各入口间频繁跳转不会迷失。不足之处是视觉略显繁重，割裂标签信息，选取容易重复。

抽屉式：优势在于节省页面空间，突出主要页面，使用户聚焦，可弱化隐藏必不可少但不常用的信息。不足之处是适用范围较小，只适用于不需要频繁切换内容的应用。抽屉中入口隐蔽，切换成本太大，文案表意务必清晰，要避免错误引导。

舵式：优势在于突出重要且操作频繁的入口，用户操作更便捷，适合视频较多重复操作的界面设置。不足之处是同标签式，标签个数有一定的限制。

隐藏式：优势在于灵活，展示方式无须跳转，呈现快捷，可扩展更多的功能和入口。不足之处是入口隐藏必须唤起，对入口功能的可见性要求高。不适合展示过多页面，不能跳跃性地查看间隔的页面，只能按顺序查看相邻的页面。由于各页面内容结构相似，容易忽略后面的内容。

四、编码输出

界面设计师应该积极配合编码程序员将界面视觉信息转化为代码数据，上传至网络平台与用户互动产生实效性。进入编码输出阶段，界面设计的视觉信息趋于完整，数据量较大，对程序代码写入工作负担较重。此阶段如遇设计视觉内容需要变更，编码的查找、修改和调整耗力耗时，会增

加界面交互性能的初始测评的周期，不利于时效性界面信息的推广。在这种情况下界面设计师也可以使用可视化编程软件（Sketch、墨刀），将众多的视觉设计界面链接起来模拟运行，对界面设计内容进行实验型交互测评。设计软件在使用时并没有一定之规，每款软件都有自己的设计偏重，之间也有相通之处，选择软件只有适合与否，并没有优劣之别。

五、调整完善

从数据分析到设计界面上线，在需求层面基本上前期主要是开发方与设计人员，根据同类型产品的比较与对用户行为的预判开展工作。设计产品并没有真正交到用户手中，无法获得针对性的反馈。用户体验很容易出现一些操作便捷度、视觉辨析度等问题，有时候软件界面甚至出现 bug，需要及时在设计细节与技术方面做出修正与调整。

上面两款设计网页主界面主题内容一致，调整前的界面遵从的网格系统在设计上并没有明显的设计错误与缺失，但从调整后的界面比较看，就能发现内容的信息量扩大了，设计展示更加直接，视觉样式更加平稳，加强了阅读的条理性。

第三节 数媒界面设计规划

搭建界面设计的架构是确立界面的设计规则，是界面设计内容的纲领。尺寸规格建立起界面设计的空间，鱼骨图设立界面信息关键点，线稿图与网格系统解决了界面信息在版面中的布局问题，良好的链接关系使界面设计内容的交互体验更加顺畅。

一、尺寸规格

市场上的设备五花八门，尺寸样式也非常多，下面提供的规格在界面设计中可作为参考。界面设计尺寸的设定一定要根据不同承载设备，视具体情况与要求在基本规范下进行相应的设计调整。单位：72（px）像素 / 英寸。颜色模式： RGB 8 位 / 通道 （256 色），也称 24 位色。

网页界面尺寸规格参考：根据屏幕规格常见比例有 4:3 和 16:9。
4:3 比例下的分辨率尺寸规格为 800x600px 时，主屏设计宽不超过 760px 为宜。尺寸规格为 1024x768px 时，主屏设计宽不超过 1000px 为宜。单屏满框显示，不出现水平滚动条和垂直滚动条情况下的尺寸规格设定为：740x560px 和 960x615px 为宜。16:9 的比例下常见分辨率尺寸规格为 1366x768px、1440x900px、1920x1080px。尺寸规格为 1920x1080px 时，主屏设计宽不超过 1400px 为宜。如果是设计"响应式"页面，根据页面在不同设备上自动调整的"自适应"状态，主屏设计宽不超过 1200px 为宜。

网页界面设计中常见信息的尺寸规格参考：
状态栏尺寸规格：边宽 20px、22px、24px。
菜单栏尺寸规格：边宽 120px、132px、140px、163px。
滚动条尺寸规格：边宽 15px。
标志（logo）尺寸规格：120x60px、120x90px、60x60px。
产品或新闻照片尺寸规格：120x120px、125x125px。
悬停按钮尺寸规格：60x60px、80x80px。
流媒体尺寸规格：300x200px，形状可不规则但不能超过该尺寸限制。
页面广告尺寸规格：通栏广告（banner）760x100/200px、1000x100/200px、1200x100/200px、1400x100/200px。顶部通栏 468x60px、760x60px。中部通栏 580x60px。底部通栏 760x60px。左右漂浮广告 80x80px、100x100px。

手机界面尺寸规格参考：手机屏幕正在从 15:9/16:9 向 18:9/21:9 的比例过度。原因有两个，其一是符合人体工程学原理，让手机显得更"瘦"，用户的手持舒适度更好。其二是符合了当下主流宽银幕电影 2.35:1 的比例，避免在手机观影时屏幕上下出现的黑边，影响观影的视觉效果。
15:9 的比例下常见分辨率尺寸规格为 1800x1080px、1920x1152px、2560x1536px。

16:9 的比例下常见分辨率尺寸规格为 1334x750px、1920x1080px。

18:9 的比例下常见分辨率尺寸规格为 1440x720px、2160x1080px。

21:9 的比例下常见分辨率尺寸规格为 3440x1440px、2560x1080px、1792x768px。

手机屏幕尺寸较多更新较快，但手机图标都是存在于网格系统里，图标以方形为主，可根据屏幕大小等比缩放，适应性比较强。下面以较为通用的比例 16:9 以及分辨率为 1920x1080px 的情况下，列举 App 设计中一些常见界面信息及图标的尺寸规格参考：

状态栏尺寸规格：边宽 54px。

工具栏与导航栏尺寸规格：边宽 132px。

工具栏与导航栏图标尺寸规格： 66x66px。

标签栏尺寸规格：边宽 146px。

标签栏图标尺寸规格：75x75px。

应用程序图标（icon）尺寸规格：120x120px。

Spotlight 搜索图标尺寸规格： 87x87px。

操作栏图标尺寸规格：96x96px。

平板电脑（ipad）界面尺寸规格参考：平板电脑的屏幕主要是 4:3 的比例关系。常见分辨率尺寸规格为 1024x768px、2048x1536px。根据这两种常见的屏幕尺寸，图标信息也会有相对应的两个数值变化。ipad 界面设计中常见图标的尺寸规格参考：

状态栏尺寸规格：边宽 20px、40px。

工具栏与导航栏尺寸规格：边宽 44px、88px。

工具栏与导航栏图标尺寸规格：22x22px、44x44px。

标签栏尺寸规格：边宽 49px、98px。

标签栏图标尺寸规格：25x25px、50x50px。

应用程序图标（icon）尺寸规格：180x80px。

Spotlight 搜索图标尺寸规格：100x100px。

操作栏图标尺寸规格：90x90px。

数媒设备多样，设计尺寸也是规格不一且更新较快，设计中应注意不同设备的规格，找寻平衡点，使设计界面的兼容性更好，使用范围最大化。

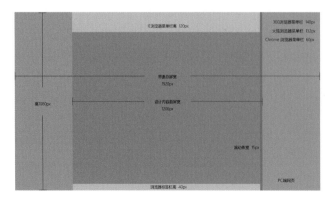

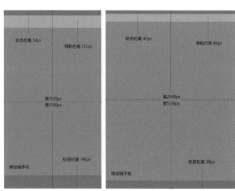

二、鱼骨图

顾名思义，鱼骨图的图形样式类同鱼的骨架，以头尾连接如鱼的脊椎骨一样形成信息主线，分支信息在主线上找出节点发散体现如鱼刺。鱼骨图是由日本管理大师石川馨先生发明的，也被称之为因果分析图或石川图。它是一种发现问题"根本原因"的方法，具有层次分明、简洁直观的特点。品牌形象设计中"树状图"在关系层次的梳理与关键点的衔接方面与之有很多共同点。

在界面设计中要建立关键信息节点（关键词或抽象文字描述），并了解信息节点之间的从属性、并置性、交叉性。能帮助设计师在界面设计初期，快速地了解设计内容的全貌，并梳理主线，找出关键信息在版面中的对应位置。确定了关键信息的位置犹如生成了界面设计的提纲，详细信息都是在关键信息引导与提示下对界面版面的充实与补充。

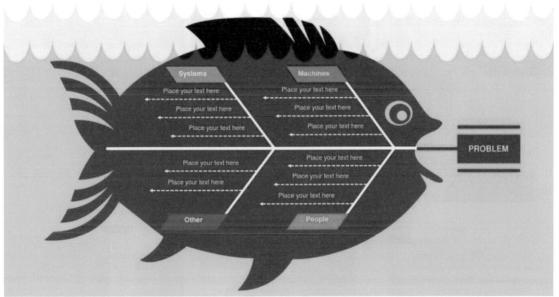

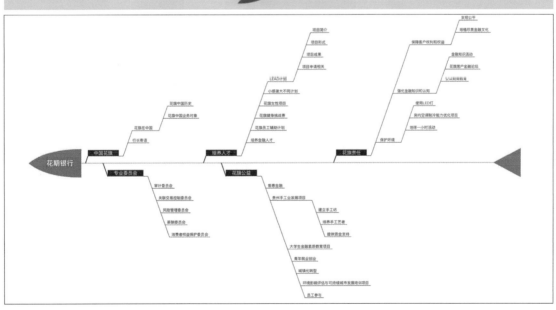

三、原型设计

可以理解为界面信息原型图，通过原型图的设计表达，我们不再是抽象的文字表述，而是能更加直观地表达界面信息架构。具体的表现手法有很多种，相关的辅助软件也有很多，如：Axure RP、Balsamiq Mockups、UIDesigner 等等。在原型设计里的表达方式有手绘原型、灰模原型、交互原型三种。这三种方式不是渐进的设计流程，根据设计需求选择其一即可。

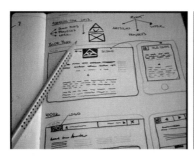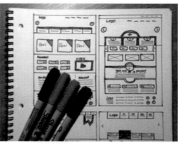

在鱼骨图的步骤中，我们找到了许多关键信息，为界面框架的形成打好了基础。到达原型设计这一步骤，将构思通过最简单的视觉元素编排到界面中并形成版式视觉效果。在这个步骤里，我们需要考虑在界面中除了关键信息的位置以外，还要考虑关联信息，以及原型图里的各类信息表达的逻辑关系。如：信息表达方式是什么，是按钮还是对话框？视觉形象是何种样式，是方形还是圆形？界面中的信息位置，上下还是左右？原型设计能快速表达信息内容，在推演与讨论过程中很直观，修改起来也方便。总而言之，原型设计在界面设计视觉成案之前作用巨大，能大大提升设计工作效率。

四、页面链接

界面设计中的信息量庞大，主要通过多页面多层次关系综合表达。页面链接主要研究页面与页面之间的逻辑关系。简单地说，就是在页面中点击图字或按钮，将会弹出对话页面或切换到其他页面。

这个步骤是交互的重要阶段。我们一定要有清晰的逻辑思维。其一，要明确单一页面与单一页面的关系。其二，要明确单一页面与多个页面的关系。例如：注册登录页面——未注册用户需注册成功后登录，已注册的用户直接登录，这就意味着设计时需要有"注册"和"登录"两个页面，但不会同时出现。注册、登录页面还可能出现另一种情况，例如：在用户注册过程中有可能遇到"注册成功"与"注册失败"两个情况。注册成功下一步就是登录进入页面。在注册失败时就需要出现重新注册的引导页面，此时的引导页面可能是一个，也可能是多个。了解链接逻辑，才能在界面设计中不做掉页面，避免导致无链可用的尴尬，影响交互使用。

由于页面数量较多，页面中有很多层级关系，如：一级页至分级页的串联关系，从二级页开始就具备的并联关系，以及不同层级页面的交叉关系，初学者容易在链接过程中犯链错页面和链掉页面的错误。这时就一定要按上述说的先串联，再并联，最后交叉链接的流程操作，就不易出错。

五、网格系统

网络系统可以叫做栅格系统 ，英文为"grid systems"。定义：用规则的网格阵列指导和规范界面设计的版面布局与信息分布。它是平面设计的设计方法，运用固定的格子形成网格布局，在设计版面中作为一种衡量信息位置的标尺，并确定界面信息版块之间的比例关系。网格对界面设计标准尺寸系统与版面程序系统影响很大。

在网格系统中，设计师可以根据要求将设计界面制定和划分成一些区块，以区分承载界面中不同的信息版块。运用网格系统能使界面设计中的信息排列显得很有条理，视觉舒适度较高。虽然网格系统在不同设计中区域划分形成的视觉样式会有所区别。但无论是界面设计师、程序师还是对于内容编辑来说，都能通过网格系统找到标准，良好地运用规范，做到有据可循，能提高效率并能节约开发成本。值得一提的是，在界面设计中无论是网页设计还是 App 界面设计，界面版面都是限宽不限高。所以，网格系统的网格单元的设定是以界面宽度为依据的。当界面信息内容超过屏高时，如何延续使用网格界定信息版块位置，需要设计师以具体情况分析与解决。

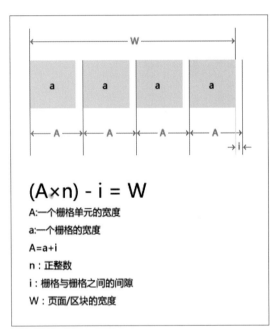
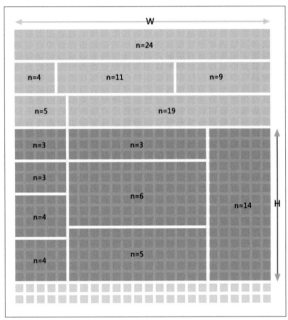

以网页设计中的网格为例。将宽度理解为"W"（设计屏宽），网格单元为"a"，单元与单元之间的间隙设为"i"，设计屏宽中网格单元（取整数）数量为"n"，"a+i"定义"A"。任何一种栅格系统，要改变 A 和 i 的值，要根据网站的实际情况来制定。那么如何选择合适的栅格系统？主要通过构成要素与程序、限制与选择、构成要素的比例、组合、虚空间与组合、四边联系与轴的联系、三的法则、圆与构成、水平构成这些设计元素规划，来实现比例和谐的界面设计。

第四节 数媒界面设计视觉

一款完整的数媒界面的视觉包含文案、图片、视频及动画等设计元素。一切使用户感官可辨的信息样式都是设计师需要设计处理的范畴。确定界面的主基调与版型：界面主基调的设定从某种意义上讲也是对设计产品行业的界定。虽然色彩基调与行业性质之间的关系并非是一成不变的，但对人的心理暗示作用不容小觑。确立适合的界面主基调，至少在用户使用阅读时不会产生矛盾心理，引发交互体验的不畅。在界面版型设计方式上，基础视觉原则基本沿用平面设计（上强下弱，左强右弱）的视觉原则。检验设计图示图标与设计界面的契合度。版式编排方式在一定的创意范围内应重视并合理运用网格系统下的中轴、分割、对称等多元设计方式。主题明确，条例清晰，统一规范的视觉设计界面才能最大程度地满足用户的需求。

一、界面设计的图形图标

 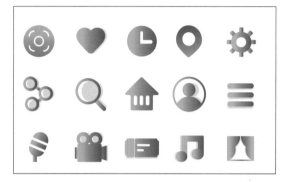

界面设计中的"图"根据界面功能的要求呈现不同的样式。图相较于文字阅读，在识别度、表现力与理解力方面都有很大的优势，并且传达信息的速度远高于阅读文字。把握整体视效设计系列图形，界面设计中有标志、照片、icon图标、装饰图形等大量的图形信息。如果不把握整体视效，在同一界面中难免在视觉上引起冲突，相互掣肘。系列图形的设计制作要点是，找寻图形之间的共同点，将其作为体现系列性的纽带。为了达成统一的目的，必然存在重复视觉的弱点容易引发视觉疲劳。所以设计规划图形的统一性之后，找寻各个图形的信息特点进行特色制作也是必要的。统一到特异再到统一是界面系列图形设计的核心理念。

最常见的是照片形式的方形图，这种传递信息的方式很直接。在使用此类图形要注意的问题是：为了符合界面视觉的整体性要求，首先要清楚在界面中的图片大多是以"并置"的方式呈现，设计使用必须进行分类处理，并且调整图片的尺寸统一规格。其次还需要调整图片的"色差"，这一个步骤很容易被忽略，导致界面设计视觉过于跳跃，容易造成阅读的不适。图标也是界面设计视觉的重要组成要素，界面中的图标通常都具备某种功能，可以理解为是有链接功能的"按钮"点击有效。界面图标在视觉呈现形式可以归纳为两类：其一是模拟客观事物的方式，图标设计出质感，有材质及光影等视觉特效。其二是用点线面的构成元素设计的简化型（扁平化）图标，运用色块与线条设计图标，此种设计要注意图标轮廓塑造，以及简化后的图标是否会影响信息内涵的理解。

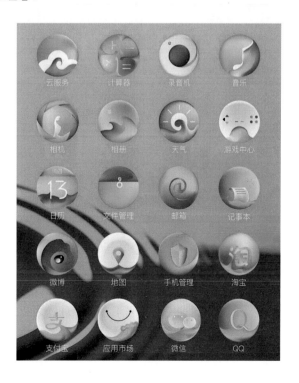

界面版式中的图片插图是设计中重要的组成部分。界面设计中还有一种比较特殊的图，就是界面广告。常见的广告有横幅式（banner）、按钮式（button）以及墙纸式（wallpaper）。横幅标牌式：此种广告形式在网页界面与App界面中都有体现。广告内容大多是企业形象、主题新闻或促销产品。设计视觉图文并茂，类似纸媒设计中的宣传单页。设计形式有静态与动态两类，以Jpg或Gif格式建立图像样式。有时也有Flash或mp4格式的视频的展示方式。

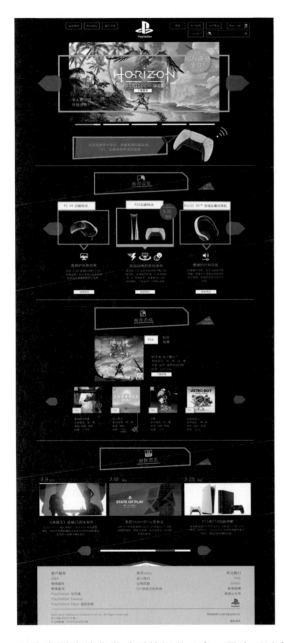

照片类图片是非常重要的视觉元素。照片可以在很大程度上提升界面的美观度，是界面设计中运用场景最多的元素之一。包括了主题场景图片方便展示页面各个版块信息，展示实体商品用图，文章的封面用图以及横幅的设计广告图片。在选择使用照片的时候，选择分辨率较高的照片，但是一定要进行优化，太大的图像会使页面超载，加载速度慢会影响用户体验。注意大图与小图的比例及留白，保持负空间的平衡。多媒介兼容的响应式设计，要调试照片在不同屏幕和设备上是否可以展示完整。最后还要考虑照片是否可以裁剪以满足多样布局版式，且传递信息无误。插图类图片在数媒界面设计中的运用是近年的设计趋势之一，设计师可以根据需求自定义设计插图，帮助用户快速感知网页信息的同时提升界面艺术美感。插图形式的多样风格为视觉创意奠定了扎实的基础，不仅在一定程度上增加了界面的艺术氛围，更可以拓宽设计师的创作空间。

二、界面设计的文字信息

合理编辑关键信息与文本：说到信息当然避不开文字。界面设计中的关键信息往往是短语或词组，以标题或按钮的方式呈现，并伴有分类及链接的功能。文本在界面中一般扮演着解释说明或详情分析的角色。值得注意的是，单屏界面的面积十分有限，特别是移动端设备。在文本内容较多的情况下，常见有两种选择：选择一是通过屏幕滑动下沉方式阅读文本，千万不要分屏浏览导致文本信息阅读不畅。选择二是设计文本对话框限定文本的字符数量，但此方法需要提前对文本进行编辑才可使用。

界面设计的文字有常见的标题，副标题，段落文本，也有界面特有的导航信息文字。界面信息时时更新是常态，界面设计文字一定要规范：界面信息选用字体最好选用系统默认字体（宋体，黑体，微软雅黑，Times，Verdanad），不要选择设计创意字体，避免更新时缺少字库字体，导致界面文字出现多样式影响视觉统一。字号的使用，根据界面媒介的不同选择在 12px~20px 之间为宜。当然设计型的"图形文字"与"文字图形"阅读性与功能性并存，且信息相对固定则可特殊对待。在界面文字设计部分，设计师优先考虑媒介尺寸问题，文字的大小、多少都要以媒介屏幕尺寸为依据。要考虑文字的字号、字体以及间行距的同时，还要考虑文字的颜色、粗细、对齐方式、文本位置等问题。当然文字信息阅读性、表述内容准确无歧义也是非常重要的环节。文字的分辨率与识别度问题对界面信息的影响非常大，涉及到"衬线"与"非衬线"字体的选择。

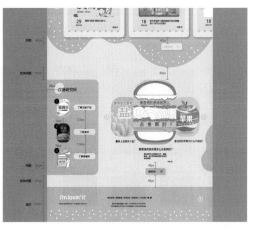

图文结合的设计在界面版式中是常见的，图文单行、多行设计，一般组合元素有图片、标题与正文。标题一般与图片平齐，与正文则以大字号搭配小字号加以区分。设计中考虑到的因素很多，标题是否换行、正文是否多行，字体的大小是否影响行间距等问题，都是在设计的时候需要分析处理的细节。

界面设计中多样尺寸规格会造成变量很多，为避免图文、文文过于拥挤或过于疏离，建议标题与正文间隔一般在 16~20px 为宜，不宜出现单数或小数。如遇到界面信息不多，需要放大图片增加版面率，字号间距随之略有增大，建议在四的倍数数值中选择合适的。目前为了简化设计工作的繁复，设计师处理行距的做法一般以字号为参考，设定为字号的 1.2/1.5/1.8 倍，得出来的结果就是文字的行间距，但是这种算法仅限于正文段落的行间距设定，不适用于图文之间的间距处理。

三、界面设计的色彩选用

界面色彩虽然不像图形与文字在信息传递方面直接，但对心理感受的影响很明显。设计师要了解不同的色彩属性所对应的心理感受，结合界面主题内容进行选择，将视觉设计与心理影响纳入趋同的范围里，能大大提升用户对界面信息的认同感。

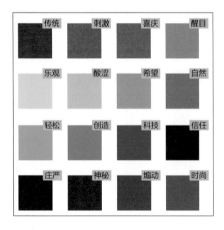
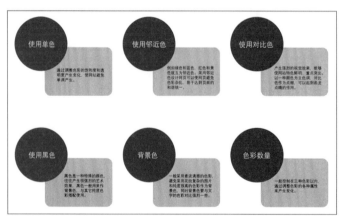

根据整体性原则，设定主色调框架下的色彩变化，运用对比色、互补色、相邻色等进行比例搭配获得不同的视觉效果，比较后选择最符合界面设计主题的配色方案。色彩既然拥有较强的心理影响，

那么可以运用冷暖色的设计体现距离感、力量感、温暖感等不同的心理感受，让界面设计更加人性化。明度、纯度以及对色彩层次与面积的设计处理，能使界面视觉内涵更加丰富，但要注意色彩运用的规律变化，设定相应的秩序在表达视觉生动的同时不破坏整体视觉的和谐。色彩与心理情感之间相互关联，界面设计中应认真分析，慎重选用。

界面设计的色彩应用是除了界面结构形式以外，最直观的视觉感受，甚至可以影响到用户对设计主题的理解。良好的界面设计色彩既烘托也限制纷杂的图片样式，界面设计色彩并非特指某一个单一色彩，作为界面色彩的使用应理解为色彩系统化表现主题，单一色彩没有美与丑之分，关键在于色彩体系运用的比例关系与搭配。

四、界面设计的版面样式

界面排版以及布局让界面信息显得条理清晰。界面信息在面积有限、信息交叉等特点的作用下需要在设计中尽量精炼信息量。根据界面信息适度原则，可以提"版面率"与"覆盖率"两个问题。"版面率"问题是文字与图形在同一版面中所占的面积比例，界面中文字所占面积多、图形面积少、版面率高容易让界面显得单调，反之则显得界面内容空洞，都不可取。界面的整体全部都是图片的时候，图版率就是100%。反之如果页面全是文字，图版率就是0%。"覆盖率"问题是图形与文字加起来在界面中的占比。屏幕单版块覆盖率约40%，分组版块整体覆盖率约60%，超过比例太多会感觉信息量过大，使版面显得拥挤阅读困难，反之则让版面结构显得松散，或信息缺失不完整的感受。

界面主题只有一个，界面风格样式也必然是趋同的表达。平衡界面图形、文字、色调、布局及表达术语等设计语言之间的关系，才能做到视觉统一。界面版式的交互方式及操作行为应与用户熟悉的方式保持一致。界面中的设计元素所处位置与用户的关注点一定要匹配，设计意图的体现与操作之间的配合要默契。

建立最佳设计视域并符合路径在界面版式中至关重要。界面版式上的信息向用户提供逻辑性引导，而引导的效果是否能达到预期，就必须了解设计信息在版面中是否在视域的最佳位置。头部静止状态下，视线处于水平25度，垂直0度至向下30度位置为最佳视域。界面版式的设计要尊重左至右、上至下的浏览方式。当遇到圆形视觉元素时，视觉方式习惯按顺时针观察，界面中不同区域存在视觉观测效率，按右下、左下、右上及左上的顺序递增。合理地将界面中较为重要的信息安排在最佳视域内，方便用户快速地提取信息，提高识读的效率。

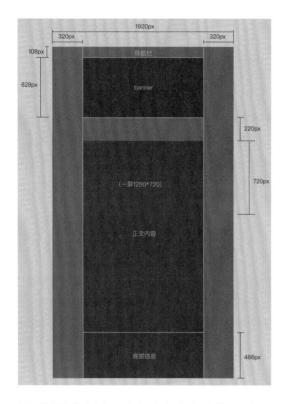

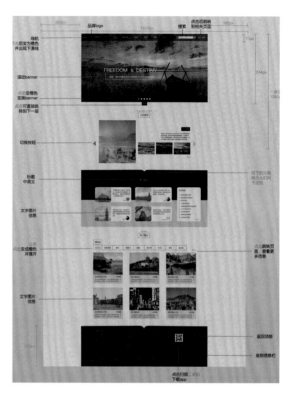

界面设计的版式元素归纳起来有品牌识别区、导航区、轮播广告区、内容信息区和底部标签区五个大区域，区域元素可组合拆分非一成不变。版式设计初始阶段设定好外边距、元素间距的规格，有利于设计深入地有的放矢。

界面设计中，同样的设计风格下，图版率高的页面会给人以热闹而活跃的感觉，反之图版率低的页面则会传达出沉稳、安静的效果。设计师可以通过对页面色调的调整来达到想要的效果。如果素材图像尺寸小，图例较少，版面较空，可以补充与图片的相似度较高的色块，提升图版率，获得相对统一的视觉效果。版式的节奏设计也可以优化页面的图版率。合理地利用排版的节奏感以及跳跃率，比较调整版面中最大与最小的图片之间的比例关系。版面中不仅仅只有图文，无论是数字、序号、角标、图标，甚至是视觉处理后的标题文字，都是版面的设计元素，能帮助提升页面的视觉度，合理的设计组合在一起能给用户留下井然有序且生动活跃的好印象。

五、界面设计创意与细节

界面设计目的是传播，核心问题是怎样吸引更多的用户来参与交互体验。无论是界面设计功能多么的强大，界面设计操作使用多么的便捷，都是由用户使用后做出的评判。界面设计的版面形式目前以"方形"为主，设计样式受版面的影响还是很明显的。在相对单一的版面里做出设计变化，是界面设计师的一种挑战。

从界面设计信息上说，界面设计虽然没有海报那么多花哨的设计技巧，但是依然有很多微小的设计细节要注意。首先在交互设计方面满足用户的使用要求，其次是要在界面上提升界面的品质感。同类型界面的信息内容大同小异，导致很多界面设计的信息版块布局与样式出现了"模式化"现象。同类型界面设计产品的增多，表面看起来为用户提供的选择变多了，实则并没有为用户提供"多样"的交互体验。如何从纷杂中脱颖而出，在激烈的竞争中立于不败，都需要界面设计师在设计创意上下足功夫。

在界面设计的创意表达方面，界面信息的视觉、功能、交互关系等都可以作为创意表达的关键点。但值得强调的是，由于界面设计的"跨界"性质，受到兼容性、操作习惯、对象范围较大等因素的影响，界面设计的创意，考虑范围应该更大些，忌讳拘泥于眼前，过度彰显设计师的个性。很多初学者总认为"另类"就是个性体现与创意表达，殊不知心怀大局、把握分寸、顺势而为才是创意的重点。

（一）界面设计创意来源

界面设计的创意可以从设计到设计，从点线面的设计构成、图形文字的编排等设计语言中找突破。界面设计的创意也可以从艺术到设计，从绘画、书法、视觉效果等艺术范畴寻求借鉴。用上述两种概念去寻找创意的来源并无不可，但对于界面设计的创意是否还有更适合的来源呢？界面设计很重要的一个特点就是快速、大范围地传播信息。而接受信息的对象范围有时候是比较大的，比如"淘宝购物"。在"老少皆宜"的格局下，就意味着对象对界面信息的理解力的不同，当对象不能理解过于专业化的创意时，对界面设计产品会带来负面影响。我们是否考虑过，可以从生活到设计的创意方式表达界面信息。生活中有许多的细节，人们早已接纳却不一定重视过。设计师应该去发现、整理将之作为设计创意的来源，运用设计语言表达在界面设计中，往往能更快地打动用户、产生共鸣、达成共识，更好地提升设计创意的效能。

右图案例的设计主题为艺术空间网页界面设计，增加了引导页面设计与主页相互呼应。创意点在于把模拟舞台帷幕的样式结合到界面视觉当中，鼠标置于引导界面上将触发动效，帷幕左右分开呈现 banner 广告视觉画面，营造出含蓄的艺术氛围。导航设计呼应以丝带视觉样式"镶嵌"logo，选用金色体现高雅辉煌的艺术内涵，整体设计简洁大方，模拟场景使用户产生很强的代入感。

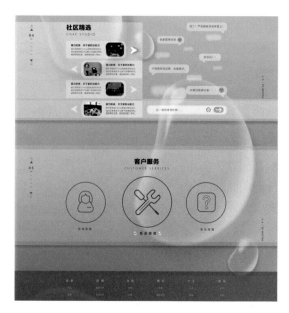

设计主题Tom Dixion是一家成立于英国的豪华设计品牌，它最风靡全球的英伦网红灯具是MELT（融化）系列的灯具。通过创建一个不完美的、有机的和自然主义的照明灵感，唤起融化的玻璃，将它塑造成一种不规则的形状，就像融化的冰川但又有缤纷的色彩。依据产品的设计理念，在界面设计中将"融化成液态的不规则玻璃水珠"和"五彩斑斓的弥散光"作为设计的主视觉元素。意在用户点击官网主页就可以置身在这个氛围之中，边使用边切身感受设计师对于品牌美学的定位与理解。

（二）界面设计细节技巧

界面设计的创意无非是"形"与"意"的表达。"形"指的是造型、结构与形态。"意"指的是表述、含义与思想。将形与意用设计语言表达结合在一起体现了一个"序"字。在界面设计中的表达方式是符合很多创意思维方法的。比如：首页到分级页的联系就是"顺向思维"的表达。分级页面之间的关联就是"横向思维"。还有页面交叉，鱼骨图关键信息对应的"多向思维""聚散思维"。这些思维方式都是成为界面设计创意技巧的引导方法。界面设计创意技巧，与其从图形样式、编排方式、形式美原理等设计原理中找答案，不如用最基本的方式为创意设定关键词，提出问题并解决问题。有时候，在界面中进行视觉设计时总觉得差一点什么，又说不出来。最本源的元素的作用才是最大的，在界面中出现最多的图形与文字是设计根本。

设计中的加与减：界面设计中的许多图形样式，都是可以用设计加减的方法改变视觉形象，增加创意的特点。这种创意技巧很注重"量"的概念，加减数量的多寡往往是最不容易把握的。解决的唯一途径，就是将多种同类、复杂程度不一的设计样式排列对比后做出最明智的选择。

设计中的扩与缩：界面设计中图形与文字的大小变化，版面率的多少，会对界面的布局样式产生影响。缩小图形与版面文字在界面中的面积，信息版块的间距变大，界面设计显得有条理。而扩张将信息版块放大，界面则显得较为紧凑。设计元素扩与缩的分寸把握，是此创意技巧的重点。

设计中的仿与拼：界面设计中的元素参考生活与自然元素，通过设计简化，运用模仿与概括的设计语言呈现。界面中贴近生活的设计，更能让用户共鸣，是非常值得尝试的创意的技巧。除了模仿，形态之间的拼接亦能改变视觉，光与影、软与硬、不同材质的结合都是在对比中找平衡的创意技巧。

设计中的形与变：界面设计中形态的改变也能带给设计创意许多惊喜。界面中元素的形状（方园）之间的变化，有强化或弱化视觉版面的功效。色彩的变化则会带给用户不同的心理感受。组合方式的变化为创意提供了更多的视觉表现。

设计中的逆与规：用逆向思维指导创意，我们应大胆尝试设计的各种可能性，比如将其方向性（上下左右）翻转，有结构的图形还可以内外颠倒结构。在比较中选择最适合的界面设计表达。还可以在设计前先做限定，如同设定关卡、建立规则，从规定中寻找改进突破与解决办法也是个不错的选择。

章节重点：

数媒界面设计的信息图文规格，界面设计视觉特点。

章节难点：

把握多界面页面之间的层级与逻辑关系。数媒界面设计信息功能的设定，与界面设计视觉创意之间的契合与平衡。

课后思考：

（1）通过鱼骨图使层级架构清晰明了，理解界面之间的层级与逻辑关系。
（2）数媒界面设计的版式布局，不同的版式布局对于设计主题与信息功能的表达有何影响。

课后作业：

（1）设定设计主题，设计鱼骨图，确定层级与逻辑关系。
（2）选定主题，设计三款不同的界面设计视觉风格（网页首页）。
（3）设计一组不少于 15 个的 icon 图标。
（4）选用一款网页首页界面设计风格，设计一组不少于 12 页的网页界面设计，包括不同层级页面设计。
（5）根据网页界面设计风格，调整尺寸与信息功能，设计一组不少于 6 页的 App 界面，包括不同层级页面设计。

肆

数字媒体界面设计测试与评估

测试与评估是衡量界面设计可行度的评判标尺。测试与评估要确立测试目标（设计 I 用户），设定问题范围。在测试过程中还要设定测试环境与典型用户群体。而评估则是将收集的数据信息汇总并分类梳理，以确认界面设计是否达到设计要求，并可能提出修改建议，对界面信息推广可行度进行评价。

第一节 界面设计的测试

第二节 界面设计的评估

第一节 界面设计的测试

界面设计信息的适合度、适应度、推广度等都必须经过测试，得到真实的数据反馈才能对该界面作出准确的评价。

一、交互测试

交互有交互功能和界面信息数据测试两种：其一，交互功能测试一般在设计开始阶段，就已经通过策划与文档形式梳理并说明功能的种类。在测试阶段需要校对功能的完整性，以及功能在界面中的跳转与切换顺畅。其二，界面信息数据测试主要检查文档内容的准确无误，检查界面中各个设计点是否在设计原型设定的位置，检查图形尺寸、规格是否统一、视觉效果是否有色差。最应该注意的是界面元素之间是否有叠加与覆盖的问题。

交互测试是界面设计产品正式推广前的校对，设计师在此阶段应该站在用户的视角去看待这个测试，发现问题才能提出合理调整方案。简单地说，就是设计师在界面视觉设计结束后，在推出产品前，要以使用者的身份去体验，方便查漏补缺，更好地优化界面。

二、兼容性测试

平台兼容性测试，对于界面视觉设计师来说接触并不多，更多的是程序师考虑的范畴。但是兼容性这个问题，也不是与界面设计师的工作范围相差甚远，比如不同媒体设备的屏幕尺寸，横屏与竖屏的情况下界面视觉的变化，不同的操作平台对界面视觉与功能是否有影响。综合了解兼容性测试的方式与要求对界面设计的帮助还是很大的。

下面列举几个与界面视觉设计有关系的兼容性测试。网页兼容性测试：测试界面信息在不同的浏览器与操作系统平台运行是否正常。App 兼容性测试：测试界面信息在操作系统及操作系统不同版本，以及在各种分辨率之间运行是否正常。

兼容性测试能够让界面设计产品推广面更大，多系统、多平台的投放为用户提供了更好的体验。界面设计师在设计之初，就应该关注这个测试内容，方便在设计过程中有的放矢，避免在此测试阶段时，遇到问题，造成修改信息过大而延误工期的尴尬。

三、数据更新及流量测试

这个测试很好理解，数据更新就是界面设计信息的更新，而流量是界面信息推广力度与用户认可度的数据支持。流量大证明需求大，那么加快信息更新满足用户需要。而没有流量，证明界面设计信息未得到足够的认可，就必须迅速查找问题，及时调整后通过更新测试的途径获得新的用户反馈。信息是随时间变化而变化的，现代信息传播效率非常高，途径也广。数据更新及流量测试能让设计开发人员快速获得第一手的反馈信息，及时的调整才能让界面设计内容不断推陈出新，满足市场需求，增强竞争力以及可持续发展的可能性。

四、第三方服务系统测试

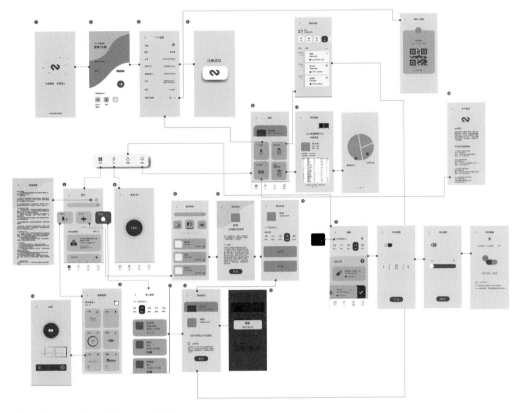

界面设计测试生成链接逻辑关系示意图

这个测试主要是提醒界面设计师，在设计中要综合考虑到的一些问题。如果在界面信息中有第三方服务系统的结合，设计师就要根据情况进行预判。界面设计内容有第三方服务系统加入时一般会遇到两种情况，这个第三方服务系统在界面中是独立系统还是为界面而设定的新增功能。举个简单例子：界面设计中有支付系统，用户支付方式是间接式操作，链接跳转到后台完成后再回到界面中，还是比较直接地在本界面框架内有相应信息引导，前端就能完成支付行为。无论是哪种方式，第三方服务系统测试都是必要的，减少运行出错，保障用户权益的手段。界面设计师在设计时就要注意，如果是独立系统有可能在界面视觉设计方面已经自成体系了，设计师需要将两种视觉进行统一规划。如果是将第三方服务系统重新设计视觉规范与界面信息匹配，那么在测试中是否会遇到兼容问题。

第二节 界面设计的评估

评估关系到界面信息的推广是否顺畅，是否有问题出现，调整方案怎么执行，又或者是界面信息滞后不能符合市场需求。评估在界面设计原型时就应该有一次评估（阶段性评估），能尽早地发现设计问题所在，提高效率降低成本。当然设计成案以后的评估（定稿评估）也是必要的，虽然可能改动会复杂许多，但用户使用后产生体验度不好，会极大影响界面信息的推广。

主要衡量四项：用户使用界面是否可以顺利达到设定目标；用户使用界面的难易程度；界面设计是否能提升工作效能；界面设计有哪些潜在问题。对于这些评估的标准，人机交互学博士尼尔森（Jakob Nielsen），针对交互体验分析了两百多个可用性问题而提炼出的十项通用型原则称为"十大可用性原则"，作为参考标准对界面评估与用户体验有极大的帮助，值得了解与学习。我们可以将尼尔森十原则引入界面设计的评估中。

一、系统状态可见性

用户操作中界面系统能给出的相应反馈，使用户知晓当前系统状态。具体内容：用户在界面系统中所处位置是否明确。用户操作行为是否在系统中能快速反馈，并易理解不易误会。系统的反馈行为（文字、图形、动效、声音等）是否快捷有效。

二、系统与客观现实的契合

界面设计信息的表达，应给用户提供日常生活中较为熟悉的概念，以真实性获得认同感，尊重用户的使用习惯。使用通俗易懂的语言，符合真实世界的行为习惯，如"回收站"使用户能结合现实、快速联想、帮助理解。注意操作手势是否自然，不可随意定义一些不易理解、难以理解的手势。

三、用户操作控制的自由度

用户是否能了解并掌控系统的运行方式，提示方式是否简单直接。具体内容：界面导航系统的控制度，设计是否为用户提供了多元的选择方式。界面程序出入的自由度，不要出现进入易退出难的问题。在遇到不可逆转的操作时要在界面醒目处给出提示警告。

标准化与统一原则：界面内所有的操作选取方式、功能名称、导航及信息架构等都必须有统一的规范。具体内容：界面设计内容无论从架构与布局的规则，到具体信息用词的一致，都是为了给用户提供持续记忆的空间。遇到设计版本的更新，设计视觉元素上应有延续性，避免用户的"再认识"影响效能。是否在设计个性化的同时，忽略了对同类产品的一致性，打破常规并没有错，但脱离格局、强改用户操作习惯则得不偿失。

有效的预防错误操作：防止信息的混淆，导致用户操作与选择的错误。具体内容：信息清晰，提示明确防范错误的发生，在操作执行中有可能发生错误前是否有提示。

认识过程无需记忆：提供选项让用户理解信息，减少用户记忆行为。具体内容：可视化的选择形式，给用户提示易读易懂、条理清晰的线索，图文并茂地提供信息、大众化通用的执行命令，以使用户无记忆负担。

使用的高效率：无论用户的使用经验丰富与否，都能帮助用户快速掌握并能熟练操作。具体内容：是否有快捷方式提供给用户使用、使用中遇到问题是否有重新操作的设定、界面是否有默认方式与个性方式的多样选择。

美观简洁、有条理的设计：美观能提升用户的使用意愿，简洁有条理能强化用户的关注。具体内容：界面设计元素是否杂乱无序，过于追求视觉特效与动效的做法是不明智的。重点信息位置合适与否，是否达到突出的效果，又对视觉整体没有过度影响。

让用户具备判断与自行修复的能力：遇到操作失误，应该给出相应的提示与解释，并提出建议性的解决方案供用户参考。具体内容：在界面设计完稿中是否有常见问题的提出，并有相应的解决方案提供给用户。设计中是否有提供自动纠错的功能设定。

使用手册与帮助文档的建立：文档主要承担使用方法、完成任务方法、操作的使用步骤等功能。涉及的说明内容较多，在编写文档内容时需要简单明确，忌信息量过大与繁琐。具体内容：帮助信息是否也具备查找功能，方便用户快速搜索需求信息。针对较难懂的专业术语，是否用图文或图表体现，以及图示或操作步骤等方式帮助用户理解应用。

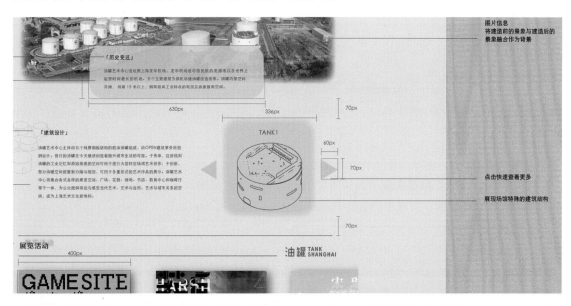

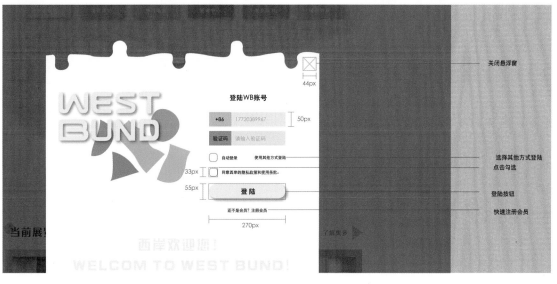

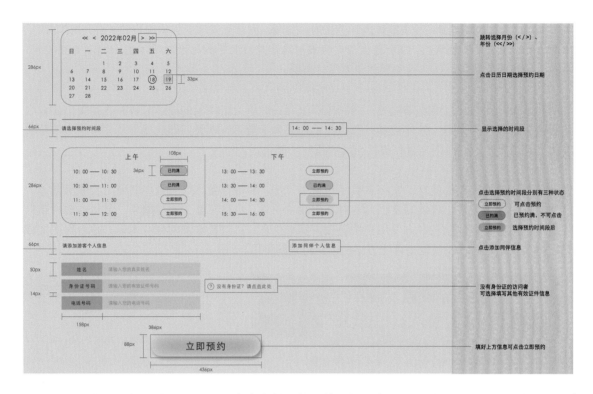

界面设计没有测试与评估，无疑是一个虎头蛇尾的工作。很多初学者都喜欢研究界面的视觉样式，寻找创意突破，容易忽略界面设计功能与实践效能。我们应该了解界面设计不仅仅是设计的美观，重点是实用性。设计作品首先要达到高质量信息功能服务的水准，其次才谈艺术审美，界面设计的视觉美化样式，都应以实现用户良好的阅读与交互功能为前提。

章节重点：

数媒界面设计完成后的评估与测试。

章节难点：

数媒界面设计的测试，对界面信息的链接关系进行梳理，查漏补缺。

课后思考：

（1）如何使设计界面具备较好的兼容性。
（2）如何预防错误操作，如何提升界面使用的操作效率。

课后作业：

（1）将一组数媒界面设计通过设计软件合成链接，生成链接逻辑关系图。
（2）对界面设计的图文进行尺寸标注，设定较统一的视觉设计规范。

伍

第一节 优秀习作赏析

这一部分均以主题式设计界面为核心，包括移动端与网络端界面设计，从图形图标、视觉元素、设计概念、风格、设计布局等方面分析各个设计案例中的特点。

一、界面设计特点分析

设计案例一："拾星"二手书交易主题界面设计

设计／殷凯怡

设计描述："有温度的"二手书回收 App。当产能过剩、二手物品激增的背景下，这些二手书仿佛浩瀚星球中的点点繁星。在收到这本二手书的同时，你也拾起了他人与书的故事星球。愿你在这个星球中，找到你与书的专属故事，给予他们二次生命，产生羁绊与回忆。适用 16~45 岁人群。

设计特点：底色用呼应星空的星空蓝色，点缀细闪繁星。配以毛玻璃透明框，多为白底文字。渐变黑（状态栏与导航栏主色）、白、黄三色为主。图标采用舵式导航的形式，方便于实用中间"＋"号集市扫码买书的功能。毛玻璃设计视觉效果，模仿外观书签、书本、标签等，呼应"二手书"的应用主题。黄色标签夹、星球等小元素增添版面视觉趣味性。打孔与线条模仿纸张真实性，增加用户体验。书签外观，滑动选择不同推荐书籍。

沉浸式阅读：沉浸式阅读（线上／下联动）主要展开设计了阅读沙龙与为你读书的详情页。可滑动设计，透明度随着由近到远层层递减，丰富视觉体验。

星币打卡：我的主页中，设计了星球的底衬。赚星币／礼品兑换以及星币签到，仿佛在星海中飘浮的星体。书签样式悬浮，增加视觉特点。展示天气温度和日期，增加实用性。具体签到天数由黄色框出，可直观查看。

交流广场：交流广场分为推荐与关注两个页面，实时交流（类似弹幕）设计为流星的样式，增加互动感和趣味性。点击留言图标，可发表自己的发言，头像均为关注的用户，黄色圆框为有新动态的关注用户。

设计案例二："英综"英语学习主题界面设计

设计 / 张雯婷

设计描述："英综"集听力 / 口语 / 阅读 / 纠音 / 交流为一体的综合类英语学习类 App。一个综合性学习的英语 App 整体设计营造出轻松活跃地学习英语的氛围。设计主色调以紫色为主，粉色与蓝色为辅。

设计特点：扁平化视觉风格设定，状态栏和最后的图标设计为紫色底将其与界面内容区分开。在二级页图标设计上，用不同颜色底色区分开，并叠加不透明度较低的英文单词首字母，打破首页设计的单调性。选择方式多样（直接点击，左右滑动查看更多等）。popular 这块区域设计成书本翻页的样式，增加界面趣味性。每日小卡片功能让你每天知道一句英文好句。

测试英语水平：将插图元素与提示测试题目数量相结合，增加测试趣味性。图形元素结合针对前两个问题（目前水平与希望达到的水平）及星球的元素用于多选题，增加测试题趣味。运用圆角矩形、半圆、圆角三角形打破界面单一枯燥的版式。

特色界面——特训定制：
结合英语学习以及插画元素，将每日安排计划变成黑板造型以吸引用户继续学习。
多重交互（左滑可以删除系统特训定制的时间与内容）/ 设置键也可自行设置。
增加坚持天数与目标天数，实现数字可视化激励用户再坚持一下即可达成目标。
设置成长曲线表，记录用户学习情况与记忆曲线。
纠音训练，跟读、听力、复读、纠正多重功能结合，提高学习效率。

英语联盟：
热点——可以刷视频 点击爱心、收藏、转发等等。
动态——了解到使用该 APP 的用户动态（抽奖分享等）。
社区——加入想加入的社区，并在社区圈子展现你学习的风采激励自己并鼓舞别人。
连线——世界范围交友，可以连线交流。

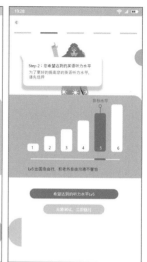

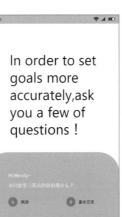

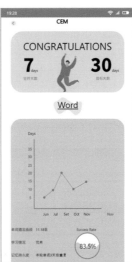

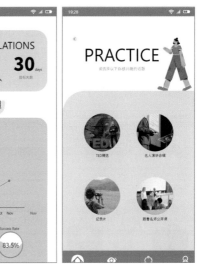

设计案例三："Power"运动主题界面设计

设计／朱雯利

设计描述：运动型、服务类主题界面，以社交、跑步、服务为主。以关注全民健身、追求健康生活为目的，帮助使用者参与健身，拥有专业化、趣味性的跑步服务、垂直社交以及饮食分析。让使用者更加专业地完成健身任务。是一款以提供跑步服务为主的服务、社交、内容一体化运动App。用户人群设定为18~45岁区间，范围跨度较大，用户男女比例相当，设定简单操作，将饮食、跑步与社交相结合，实现综合化渗透型App，对于拥有运动习惯和自身空闲时间较多的用户，使他们运用Power频率相对较高，增加软件日活量与用户黏度。

设计特点：标志灵感来源于健身肌肉结合首字母P。根据调研结果显示，运动感较轻的配色，不容易产生视觉疲劳，可以增加App使用性的持久度。在配色上，以科学理性的蓝色作为主色，淡蓝色作为辅色，为契合运动类App，又增添比较亮眼的橙与粉，做到配色上给人耐看、爱看的中性感觉，契合用户画像，适合男女群体。版面中数据分析较多，配色上给人科学理性简洁的视觉体验，较为统一整齐，不杂乱又不单调。

运动食谱定制：营养分析，贴合自身。科学的食谱可以更好地帮助用户群体完成健身目标。现代科学告诉我们人们的身体代谢状态是不同的，在使用App时，通过记录身体数据，推荐网上类似体质人群的食谱，从而使得食谱更加贴合自身情况。

音乐库：推荐榜单，选择音乐。通过调查显示，运动时安静、闲适的环境容易丧失运动激情，推荐运动类曲风，根据榜单或个人喜好无需切换APP即可在运动时享受听觉盛宴。操作更便捷且可以生成自我运动歌单，真正做到综合便捷式一体化App。

虚拟形象／虚拟空间：跑步陪同，鼓励运动。此功能针对室内跑步，根据自我喜好，定制独属于自己的虚拟形象，在开启虚拟陪跑功能时，虚拟形象将同步进行运动，显示各类身体数据及消耗。运动途中将与用户群体进行互动，例如加油、打气等，激励用户运动激情，增加用户活跃度。在个人主页中进入虚拟空间，即可更换自己的虚拟形象，此功能与虚拟陪跑为联动功能。在虚拟空间中，可更换背景与服装，增添用户独属性，集中设置任务板，通过完成运动可兑换道具，起到激励用户的作用，增加黏性。

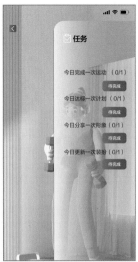

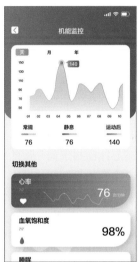

设计案例四："INMOVIE"影视及社交主题界面设计

设计 / 陈熹熹

设计描述：INMOVIE 是一款电影类综合社交 App，集观影、线上订票、评分讨论与匿名趣味社交为一体，为用户提供一站式的便捷观影服务并且构建以电影为基础的多重社交场景，致力于恢复 Z 世代人群的观影热情，并且寻找与自己兴趣相投的影友，打造的一块专属于电影用户的潮流天地。产品定位以电影为中心的娱乐型 APP。用户人群针对以 Z 世代人群为主的年轻群体以及热爱电影的 38 岁以下群体。

设计特点：界面设计选色为暗色系，配合弥散模糊、高饱和渐变色彩以及玻璃拟化风格进行界面设计，形成强视觉冲击效果，追求与 Z 世代与潮流相契合的风格。图形样式融入电影票据等关键元素，突出电影主题且携带潮流性。

观影主页：保留了所有的观影动态以及影评动态，有影单 / 收藏 / 看过 / 影片影评历史动态。

近期板块：提供在线订票功能，分为正在热映、即将上映、影院。正在热映：可以查看一周内的票房榜单，现在购票，点击查看影片的详细信息。即将上映：预约电影上映提醒，查看影片详细信息。影院：附近影院列表，可直接选择进行订票观影。台词日历：一级页中日历 icon 跳转，每日更新优秀影片壁纸 + 台词。观影房：一级页中加号 icon 跳转，和他人一起在线观影、讨论，影片分区，可以直接加入或者创建影房，也可随机匹配快速加入。电影运势卡：翻开卡牌占卜运势，精心匹配与卡面呼应的今日宜观影片通过电影，或许你能明白些什么。PK 吧：电影知识趣味对抗，丰富有趣开脑洞的题库，激活你多年修炼的观影功力，发现原来不知道的观影乐趣。

二、界面设计欣赏

设计案例一："益 +"英语学习主题界面设计

设计 / 王念

设计描述：一个集公益活动搜集招募、知识学习、分享交友的互联网公益平台，可以做公益的参与者也可以做发起者。设计理念人与自然的结合，表达对世间万物的融合、让温暖贯穿整个公益事业。图标设计以黄色为主色，线面结合；搭配几个可爱的拟人图标作为主页快捷按钮。界面版式整体版式多曲线等自然形态，结合圆点、圆环等几何元素，生动又不失设计感，紧靠主题；界面版式丰富，层次多且明晰。

引导页由律动感较强的不规则元素搭配几何元素组成，线面结合的插画使得整体界面活泼、青春。在交互层次上，可以选择左右滑动进入下一页，亦可以点击箭头跳过直接登录。主页针对"每日益学""捐赠物资""义工旅行"几块内容进行快捷设计，在版式上风格整体、结构紧凑、有韵律感；色彩统一丰富在首页第一屏上设计了四块快捷按钮，缩减了交互流程。设置五个主功能页，均为平行一级页——益站、益学、益仓、益友、益联。

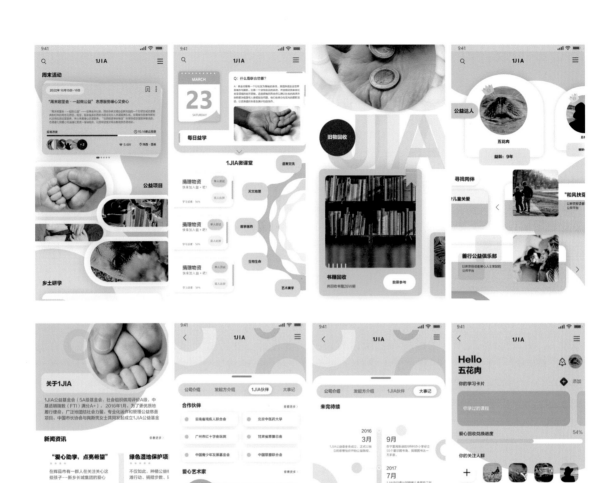

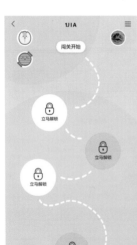

设计案例二："蟲"昆虫知识科普主题界面设计

设计 / 陆瑾

设计描述：以昆虫设计造型为创意来源，整体视觉风格给人一种清新的大自然气息。图标设计归纳简化，运用瓢虫的轮廓造型为设计标准样式，打破了方、圆等几何图标样式，有效地将有机图形与几何图形相结合，形成了别具一格又不失统一的视觉样式。

图标主题扩展应用到音乐播放器与时钟软件界面设计中，运用图形共性，通过圆形样式将昆虫、时钟、唱碟的视觉形式简化设计处理后，合理地结合到一起，良好地检验了该主题的设计可行性与实践性。

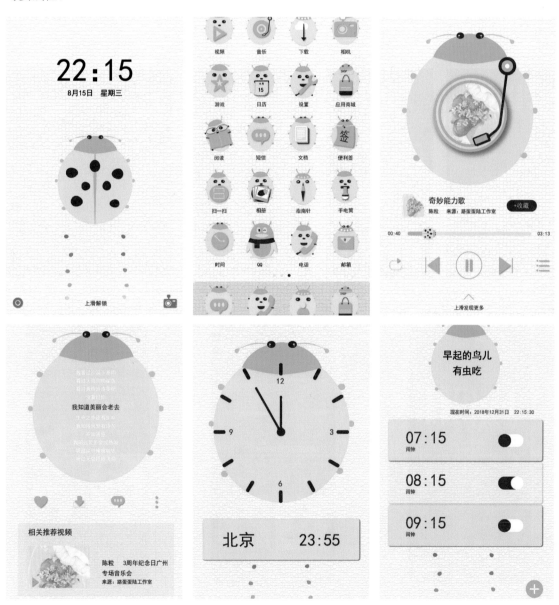

设计案例三："NIKE"品牌主题界面设计

设计 / 徐晨怡

设计描述：设计风格样式在整体简约大方的基础上，增添炫彩，给人炫酷的感觉。icon 图标的设计上，配色也选择了和主色调相似的灰。点击 icon 图标，外轮廓变成彩色，突出选择主题。设计的每个 icon 图标根据其文字含义皆有针对性表现，例如男子是举重的人，女士是做瑜伽动作的人，等等，和主题相符合，同时增加活力和趣味性。该设计运用不断浮动的彩色气泡，不仅给黑白灰的主色调添加上色彩，浮动的气泡图形给静态的界面增添活力和趣味性。有些气泡里还包含有当季的热销产品，点击直接转跳为此商品的详情页。对于边框的设计，在右上角有一个角，给页面增加了动感，仿佛界面正在向左奔跑，同时整体轮廓与 Nike 的 logo 的形象相似，这个设计很好地诠释了 Nike 作为一个运动品牌。彩色脚丫的鼠标也可以作为细节上的小亮点，给界面增加趣味性，形象符合网站的主题内涵。

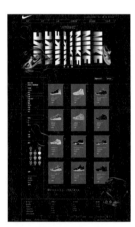

设计案例四："中国国家地理官网"主题界面设计

设计 / 李哲宇

设计描述：此设计突出网站重点传播内容系地理知识 / 风景欣赏，在保留原有官方气质的同时适当增强其趣味性、互动性，与时俱进，提升用户体验舒适度，更好地吸引用户。结合主题，设计了 15 款 icon 图标，其中包含 10 个普通图标和 5 个特殊图标。5 个特殊图标分别为风景欣赏、地理知识、旅行种草、美食天下、附刊精选，将中国国家地理 CNG 字样与图标进行结合，做出专属于中国国家地理的图标。根据网站主题风格量身定做新的互动版块。将飞机票作为视觉元素设计的载体形式，使用飞机票与滑动飞机图形的视觉组合使界面设计动感十足，向用户传达浏览界面好比亲身旅行的设计概念。

设计案例五："是咖"品质咖啡助手主题界面设计

设计／关辛

设计描述：设计需求点为咖啡爱好者越来越多，普通的速溶咖啡已经开始无法满足爱好者们的需求，但咖啡知识纷繁复杂，咖啡品质也参差不齐，让许多入门者望而却步。"是咖"设计根据需求设定咖啡豆、实用咖啡工具为一体的商城，精品咖啡豆清晰的量化评分帮助判断，官方权威的咖啡知识、课程教学，小量咖啡豆试喝"避雷"以及匹配合适的咖啡的数据呈现。

设计界面中设置了贴心提示功能，主页拥有贴心提示，可视化的天气图像也可以作为简易的天气预报提示，根据时钟时间提示用户咖啡因摄入量，以保持良好的睡眠质量。

设计界面中设置了模拟制作功能，完成课程学习，可以通过 3D 软件制作的模拟游戏进行制作测试，查看掌握的情况，大大提升趣味性。同时模拟制作也可以让新手在掌握充分之后再实际操作，能减少资源一部分浪费，体现绿色环保节能。

设计界面中设置了卡片式详情界面，用可视化数据图形表述咖啡特性设计的产品详情，从烘焙、产地、风味等多个方面显示，雷达和图形化的参数一目了然； 并加入了建议冲泡方式，为咖啡爱好者提供选择帮助。

设计案例六：咖啡主题界面设计

设计 / 徐涔芝

设计描述：设计主题为咖啡店网页界面设计，这一款设计创意的核心是表达出咖啡时光的懒散与随性。设计中有意打破一些网格系统的束缚，运用插画和模拟道具的视觉样式营造出较为轻松的视觉氛围。此设计的巧妙之处在于，归纳版块信息与不规则的视觉样式合理地整合到一起。视觉样式比较灵动，信息板块阅读清楚明确。

设计中以菜单为设计主题，用撕纸、胶带、夹子的效果体现，增强视觉冲击力。界面中的设计元素添加了笔的图形样式，让用户能够从视觉上体会菜单书写的模拟场景化。界面设计背景运用蛋糕、咖啡设计处理图片穿插在界面的前后，运用空间对比的设计方式丰富界面的视觉层次。整体设计优雅，信息条例清晰，同时较好地烘托出活泼随性设计氛围。

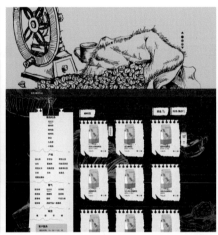
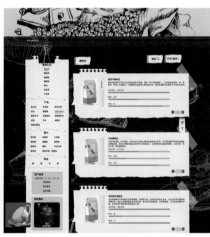

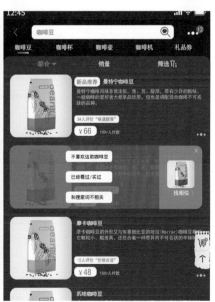

设计案例七："LUSH"护肤品牌主题界面设计

设计／张淼灵

设计描述：在界面设计中虽然要考虑到设计风格的统一，但并不影响将具象与抽象的设计元素有机结合。在这个护肤主题的界面中，巧妙地将产品"油泥"的形态属性与视觉设计结合，运用在导航按钮的设计形象上，虽具一定的抽象性，但直击产品信息的本质，再结合产品使用的具象图片，并未在界面中显得突兀，且体现出专属性图形的设计特点。

此设计系护肤产品的主题，设计样式根据产品性质定位，确定网页配色采用较为柔和的浅绿与浅紫的对比色系配色，多使用圆角，使网页整体风格呈现以柔和之感。将品牌名称 LUSH 英文大写字母抽象概念化，图形化获取辅助元素，并将之扩展延伸，运用于界面设计不同版块区域内，视觉形式上有趋同，调整大小位置的变化，增加视觉层次，在统一中需求多元。

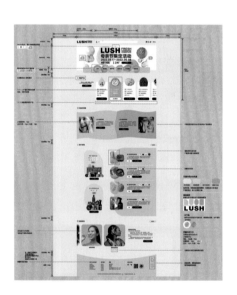

设计案例八："上海博物馆"主题界面设计

设计／蔡欣雨

设计描述：设计理念为对于"足不出户知天下"的需求方面越来越广，选题博物馆界面设计提供良好的知识传播空间，满足大众的文化需求。

界面设定功能架构主要被分为导览、展示、活动、典藏、学术等七个部分。设计风格采用传统、中式、厚重的风格为基调，给人一种古色古香的感觉。图标设计提取场馆的建筑外形和特色标志性载体的特征外轮廓，将之扁平化风格图形处理，便于用户对于博物馆特征的理解，提高使用者对整套网页的记忆点，易于记忆以及减少不必要的阅读时间。

设计界面的版式根据博物馆信息量比较大的特点，且需要更快速地抓取到信息和切换到对应内容的界面内浏览信息，以网格系统下的版式设计标准为依托设定视觉构成样式。为避免视觉设计过于呆板，通过各种复杂的纹样来装饰界面，达到增加视觉层次，也烘托复古沉稳的视觉感受，符合博物馆的调性。

设计案例九："西岸"主题界面设计

设计／袁乐曦

设计描述：界面设计依据品牌理念与市场经营范围，制定用户画像，分析确定将西岸数智谷、西岸金融城、龙美术馆、油罐艺术公园以及访问者形象抽象化得到辅助图形。分别涵盖企业下属的数字经济、现代金融、文化创意、生命健康四大重点产业。

界面色彩主要选用红、橙、黄、绿、青五种颜色，彩色的运用给人欢快、朝气蓬勃的感受，同时便于区分板块内容，兼顾设计感与功能性。此外将门票与页面设计进行有机结合，既呼应展览售票信息又与集团主要业务相关。设定鼠标显示为圆形，模拟检票时打孔机打下的孔，当访问者点击网页，跳转前将在点击处出现打孔痕迹。保证页面信息分层清晰的同时兼顾设计元素的运用，并根据用户画像进行内容整理，减少不必要的页面跳转，降低用户学习成本。

移动端设计沿用网页设计中使用的五种抽象图形以及色彩标准，调整尺寸规格沿用以门票样式的设计元素与页面设计有机结合，呼应了展览售票信息，同时与集团主要业务相关。根据移动端可划屏、可长按预览、点击即跳转的特性，适当添加划屏展示区域以及视差动画效果。

根据移动端用户习惯，增加底部主要按钮如购物车、个人中心等。考虑视觉效果、认知程度、行为习惯等多方面因素，最终完成有兼容性的不同端口平台的界面设计。

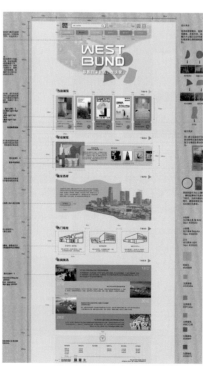

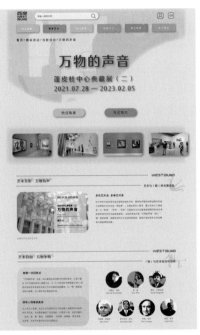

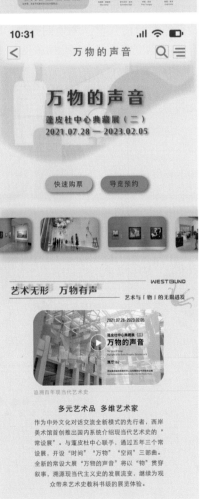

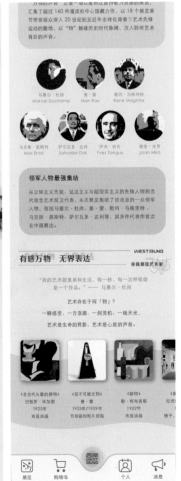

第二节 毕设作品赏析

这一部分以毕业设计案例为核心，每个范例的设计主旨不同，在界面的设计和创意上各有特点。该部分将用移动端界面为主，体现较为完整的设计思路，呈现由设计选题、调研、设计定位、风格设定、图形图标以及视觉版面等多方位的组成部分。

毕设案例一："趣启蒙"幼教 App 界面设计

设计／王枝叶

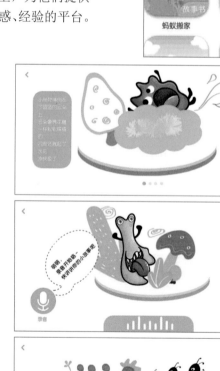

设计定位与概述：移动教育 App 让学习变得更灵活且富有趣味性，也更加容易被人接受，这种方式已经得到大量用户的肯定。一款好的启蒙教育对家长和宝宝而言都是十分重要的，注重为孩子未来创造价值，包含的知识点既有艺术课堂，也有思维方式，做到寓教于乐，提高孩子学习的主动性，重在自我输出，做到家长认可、孩子喜欢的启蒙 App。设计定位用户画像，设计对象为 3~6 岁处于启蒙黄金期的学龄前儿童，为他们提供有效启蒙帮助，同时为新手宝爸宝妈提供交流困惑、经验的平台。

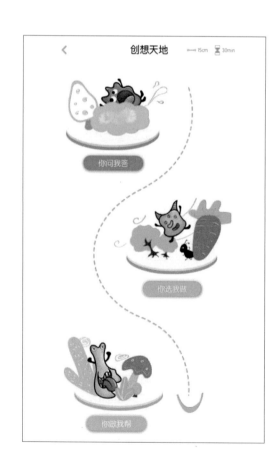

设计功能特点：
问答形式功能针对性格外向型，从传统的家长说、孩子听转变以儿童为中心的设计表现。鼓励孩子主动寻找求知的方式。功能上表现方面，界面中提供资料数据库，并支持家长自主上传主题；同时以人工智能对话以及智能剪辑反馈孩子的表现成果。

选择形式功能针对性格内向型，从传统的指定孩子选择什么转变为孩子自主选择、随意拼合。界面中提供道具资源库，提供比较直观的视觉样式，通过自主意愿随意拼合道具并构成自己的故事。

自主创作形式，提供部分素材，通过一定的引导设定帮助孩子创意绘画、完成展示最相似图片加以解释。孩子完成绘画，智能识别绘画内容，如识别失败，则提供可模仿多样画面。 强调制作过程，打破非对即错的思维模式，体现范围设定下的变量视觉表达。

界面设计视觉：
视觉设计色彩选用由儿童可联想到初升的太阳和充满希望的小草，因此使用草绿色作为主色调，将太阳的黄色与橙色作为辅色，整体以平静的色彩为主色，加以鲜艳的黄色与橙色点缀，从而锦上添花，吸引孩子的注意力。

图标设计主题小怪兽的形象设定初始形象，以大大的眼睛、尖锐的牙齿表现小怪兽的外形，两个眼睛以趣启两字拼音开头字母 Q 的外形绘制，嘴唇以蒙字拼音开头字母 M 形绘制，既充满童趣又与界面设计主题交相呼应。icon 图标初始图形进行扩展三组图标，分别以绿色主色，根据图标含义设定造型样式图标，以主色绿及辅色黄与橙色点缀，融合道具与小场景样式设定图标造型，以及结合标志样式以相对固定的设计形象表达怪物角色设定。

创意图形作为具有一定独特性意念的图形样式，经过设计者理性的推断，可将其独特的思维意念转化为可以与儿童交流的视觉形式，进而调动儿童的视觉并激发心理层面，达到沟通情感的效果。设计界面中设定的交互操作以 IP 形象与界面功能选项结合表达。针对学龄前儿童绘制了小男孩与小女孩的 IP 形象，以可爱有趣的外形吸引小朋友的注意，色彩搭配统一，使用绿色与橙色区分性别，同时呼应了界面主色调。其次设置打招呼等拟人化动作与小朋友交流，可以拉近与用户的距离。动态交互效果会让小朋友更感兴趣，设置交互性的动态效果。在进入功能页面前，通过字母和笔画拆分的动态组合以及简易数学题目的设置来完成特定的教学引导目的，使儿童可以无意识且完全自主地接受信息并与界面信息进行有效互动，达到自主学习的教育目的。同时以动态的 IP 形象进行动作、语言的交流，使用户感到更亲切，更有互动感。

版式设计根据用户对象年龄较小的特点，设计布局多以标签卡片的方式整合呈现，简洁直观。界面板块中，根据板块主题内容的变化变换图形，与英语相关的即以字母为背景，与数学相关的即以数字为背景，与语文相关的即以偏旁部首为背景，设定区别分类一目了然。以圆形图形联想水泡，以原点图形的方式装饰点缀，以小卡片的图形作为背景图形，使用户观感更真实，犹如在翻看实体小卡片。版式中运用插画设计增加亲和力，以活泼的涂鸦式插画整体绘画小朋友感兴趣的小怪兽形象，绘制各式各样的造型，以夸张的表情、五官等吸引小朋友的注意力，使小朋友产生高度兴趣，这些插画后可拆分或组合应用，充满了自主选择与应用性，同时充满趣味。

毕设案例二："长嘉学苑"老年教育服务 App
界面设计

设计 / 黄倩仪

设计定位与概述：
完善养老线上线下服务体系，尽可能地使老年
群体自发主动地寻求自身价值，并且实现社会
资源与老年愉快生活的良性互动循环。同时当
今社会科技持续发展，如何在将科技福祉应用
于晚年，提高生活质量的基础上，基于老年人
心理与人类行为分析，得到社会资源与有价值
的愉悦晚年相互成就的双赢最优解，将是未来
老年服务及衍生的老年服务 App 的发展趋势。
设计定位用户画像，用户人群设定为 60 至 80
岁之间，帮助丰富此类人群退休后的生活日常
与休闲。

设计功能特点：
以老年教育为主要功能版块，辅助以其他服务
功能。"长嘉学苑"App 在囊括了基本的教育
模块的前提下，参考国内外许多服务设计的案
例，同时进行用户调研分析，在功能设计上，
更多加入了能使目标用户有参与感的版块。

时间银行功能设定：激励引导健康生活方式。
时间银行类似于货币概念。在长嘉学苑中，老
人们通过学习过程中的优异表现、社区活动中
的活跃身影、配合治疗康复等等方式获得学苑
内流通的虚拟货币。通过虚拟货币老人可以换
取想要的服务或物品。以此来激励老人积极面
对生活并且尽可能的提供为之努力的短期目标，
树立更加积极的生活态度。

紧急呼叫功能：特殊人群，贴心服务。为应对
突发状况同时加强老人们的人际关系网络而推
出的紧急呼叫功能。该功能在 App 的任何界面
都有快捷键并辅助以发射装置让老人在危险状
况能快速呼救。机构与建立亲密关系的老人好
友能够在第一时间收到呼救弹窗，从而老人之
间可以采取互助救援，机构辅以救助保障。为
了防止意外,呼救界面长期未操作会自动警报，
取消需要长按以确保误触取消。

课程服务功能：学习与互动。学苑主推老年大学，配备各种课程。课程表以日历形式提示，方便老人掌握自己的行程，加大学习兴趣。每一节课都会在结束后为每一个学员形成完整的课堂反馈。包括虚拟货币的加减情况，课堂持续时间，休息时间，老师评价，课堂重点，等等。学员也可以向老师发出评价建议，进行交流。

个人数据功能：个人信息，即时监测。为了更好地服务每位老人，推出的个人数据功能，老人们可以在其中输入疾病史、身体基本数据、过敏源、喜好忌口、生活习惯，等等。在课程推送、预约服务等都能得到个性化的服务。每天都需要在建议时间录入基本身体数据，同时，针对数据会有身体健康状况评分，以便于用户及时掌握身体状况。在之后的学苑活动中，学苑会根据学员情况自动更新身体数据建议。

交友圈功能：扩大交友圈，消除孤独。根据在学苑中的个人活动、课程等记录的追踪，会自动计算与好友的共同相处时间，同时利用图表将好友的亲密度可视化；App 包括完整的好友生态圈，二者结合便于老人们加强快乐生活的氛围，掌握自己的生活。

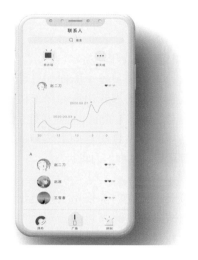

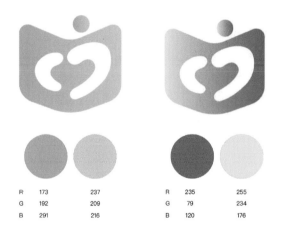

R	173	237
G	192	209
B	291	216

R	235	255
G	79	234
B	120	176

功能性icon

基础操作icon

界面设计视觉：在视觉设计中，界面颜色采用稳重淡雅的中性色，图标选用更加具有年代感的物品形象，使目标用户能感觉到轻松亲切。在心理感受上，中性色调在视觉上常常会给人带来一种沉稳、怀旧、大气且轻松自然的感觉。App 功能较多，对于信息整合的要求较高，所以在版面的设计中减少了不必要的多余装饰，使用户不用花太多时间就能理解版面传达的功能信息。同时为了页面不过度僵化，也多使用邻近色与一些趣味图标。协调页面的同时，通过对比，使得整个设计界面更为亲切。

图形的设计结合了长嘉学苑拼音的开头两个字母"C"与"J"与心形图案相结合为负形。外部的图案为打开的书页造型。圆点与下方负型结合为 j，同时代表一个舞动的人。传达服务与教育兼备的 App 功能内核。图标的设计上，在块面图标的基础上将线条折纸元素与 UI 设计内的图标做了一个有机的结合，并通过选择更加具有年代感的物品来增加用户亲切感。同时 App 的功能板块针对的用户群体较为集中，要兼顾信息的无障碍传达。图标的边角圆化让整个界面风格给人舒缓平稳的感觉，折纸的设计增添了图标的趣味性，贴合快乐老年、老小老小的理念。在形象选择上针对性更强，例如选择热水壶就会选择更加老式的塞盖式样，而不是广受年轻人喜爱的电热水壶。辅助的功能图标则在色调统一的基础上更加重视简单明了的信息传达。食物图谱 icon 则根据使用方式调整了颜色。

IP形象设计运用颜色稳重、姿势多变的形式，更加成熟的形象。人物灵感来源于脑白金广告，形象更加贴合用户心理，使之产生熟悉感。插画设计要运用于各个版面的互动内容中，多以人物形象的方式出现。扁平化的插画风格适用于老年服务 App，简单易读。利用动态效果与多媒体结合的基础上达到活跃版面、简化信息传达过程的目的。

版式设计中，在功能板块上还是延续比较简洁的方式，使信息尽可能直观地整合传达；而特色板块中，在兼具信息直观的同时增加了不同的形式，包括页面的局部动态交互，信息图示化等，增加页面趣味性的同时也潜移默化地引导用户 App 的功能层级；在个人

数据一类的版面中加入不同的数据图标，使老人直观地感受数据，做到人文关怀；在课程相关的版面中加入了动态人物形象，活跃了版面也增加了亲和力。由于是针对老年群体的产品，在界面设计中的字体间距会更加宽阔，便于识别。选项的区别对比拉大。动态效果不能过于复杂，以免增加眼睛的压力，以此提升用户体验。

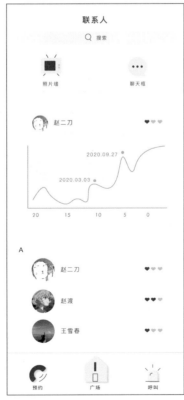

毕设案例三："AMOM"音乐治愈 App 界面设计

设计 / 刘寒凌

设计定位与概述：治愈型主题界面，以关注压
力影响人们社交生活与身体健康为目的，帮助
使用者恢复身心健康，经历音乐体验，建立与
音乐的关系，消除心理障碍进行视觉引导舒缓
减压或释放压力，配合视觉引导听、唱、演奏、
创作、律动的音乐行为和不同的聆听方式达到
治疗的目的。在 App 舒适的意境中体验心理的
治愈的视听享受。用户人群设定为 18 至 45 岁
区间，范围跨度较大，设定简单的手机操作与
趣味性的治疗方法，让使用者得到心理与生理
的治愈。声音和插画设定不同的聆听方式提高
注意力、持续度、记忆力、感受力、辨认能力，
提高对心理问题的认知。

设计功能特点：使用音乐让人产生听觉联想，以动态插画进行视觉引导。相比之下，静态更能结
合音乐的声波律动，起到带动作用，转化消极紧张的情绪。对常表现为莫名紧张、慌乱的焦虑症
这类心理疾病治疗可以采用聆听法和再造法。采用听、唱、演奏、创作、视觉以及音乐等其他艺
术形式，使被治疗者达到健康的目的。这一套系统贯穿整个 App，从配色、音乐选择到插图的律动感，
都有舒缓与治愈的效果。

互动式放松功能设定，在各种界面里，都插入了一些小小的游戏式的互动，整体界面更像是一个杂物台，充满了小小的趣味感。将平面的界面与立体事物相结合，融入一些器物与生物的形状，更具有操作感。

动感阅读功能设定，界面中根据用户常态操作习惯，通过后台数据分析，每日会推荐一些音乐治愈以及艺术和情感类的文章，使用杂志图文并茂的方式排版。旨在利用好碎片时间进行阅读，小篇幅的阅读量与图片排版能提升专注力，即使在嘈杂的车站也能轻松愉快地阅读而不乏味。

A.基本功能引导 B.趣味数据收集 C.音乐区块专属

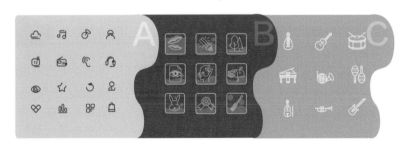

创作室视听功能设定，用户可以再创造板块，根据自己对音乐与生活的理解，进行音乐元素采集，音频混合，与乐器演奏和演唱等环节，开创属于自己的专属音乐。这一块板块以使用多样化为设计要点，利于激发用户的创造力，打开分享的欲望，从而开放自己压抑的内心。同时作品可发布到广场收获到赞赏，结识趣味相同的人群。游戏化的打开页面模式，可以增加使用者对此款 App 的记忆度。将功能按键与插画相结合，营造一种在森林、大海或星空下进行音乐创作的感受，更利于打开自我。收集版面设计为一个时间罗盘的样式，趣味性地记载每个奇特的声音，满足现代人收集猎奇的欲望与心理。将日常不为我们注意的声音编成日记，进行音乐创作，引导人们自发性地发现生活中的小惊喜。

均采用了图文并茂的方式，化解阅读枯燥的问题，使得动态插画很好地融入功能之中，增强视听结合这一交互概念。

"AMOM"音乐治愈界面的主色调以浅蓝、橘色为主。有一个实验，人们在黄昏时刻，抬头看着天空会有一种如释重负的体验。因为黄昏象征着白天工作的结束，疲惫的人们获得难得的散漫的自由时间，尽情享受落日的余晖。从黄昏天空的照片中提炼出三个构成主色调——青蓝灰，天空蓝与低饱和度的橘粉色。以天蓝色为主色调，青灰蓝起到分区与过度的作用。橘粉色为小范围强调引导，组成整个界面的颜色构成。另外增设一个人性化设计，夜晚使用森林配色——深蓝色，绿色与萤火虫黄色为搭配。组成夜间模式配色，以适应人的生理夜间光线用眼习惯。

图标的设计分为三组，分别为基本功能引导、趣味数据收集、音乐版块专属。功能性图标使用线性图标，多使用圆角，简约功能性辨识度高，圆角使用具有亲和力。同时小设计有小缺口，非闭合区间，有一定的想象空间、灵活感。趣味和专属图标风格与界面风格统一，线性与面相结合。水流感会随着完成度而注满，兼具标示性，显示数据与趣味性，做到不单单只是数据与图形结合。中间的构造为意向简笔插画，增加辨识度与联想力。增添用户完成任务的愉悦感与收集卡片的成就感，从而达到扫除焦虑的辅助作用。

界面设计视觉：运用颜色配比与版面设计，给用户带来不同的视觉体验和思维情绪引导。版面轻快，同时也能突出重点，做出正确的引导。配合音乐播放视觉样式的特性适当地加入一些满版插图，使得界面布局能够适应各种不同调性的音乐，而对用户的情绪作出正确的思维引导，扩大了动态插画的表现力。松紧搭配，适当留白区间，扩充了思维。具体浏览阅读版面

视觉版式设计中用功能版面进行区块划分，完善基本功能，在特色板块中加入平面与特色结合，增加了不同的观看角度、操作感体验，模拟真实物件。在治愈动态插画版面中，追求留白设计，能容易吸引用户，开拓思维。按键采用收叠形式，不会干扰意境营造。所有图标采用圆角页面，使用流线式线条，更好地配合音乐的律动感。界面中插图设计特点，主要运用于情绪疗愈页面，内容具有小的怪诞感，轻松解压，配合音乐属性与期望达到的目的，催眠、舒缓、发泄等。配色均比较清新，能够平复人的情绪。相比较静态插画，动态更加能够提升人的专注度，融入氛围感。

毕设案例四："食趣"食谱类 App 界面设计

设计 / 葛传虹

设计定位与概述：设计的主旨为，人们对于环保以及食物品质和加工方式越来越重视，对厨艺的追求也越来越高。食谱类 App 作为一种能够辅助用户制作菜肴的实用工具，借助简易的操作、快捷的搜索等优势获得了对烹饪有想法有兴趣这类用户的追捧。"食趣"App 针对的用户人群为 22 岁到 40 岁左右的社会从业者，因为他们在日常生活中需要自己准备一日三餐，并且这个年龄段对互联网接受度比较高，拥有较高的购买力，能够在满足自己生活水准的同时追求高品质的生活质量，对新事物充满了探索欲望。而 22 岁以下的群体大多是学生一族，他们不需要自己准备一日三餐；40 岁以上的人大部分是对生活有经验者，准备一日三餐对他们来说较为容易。

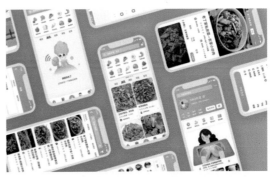

设计功能特点：

设计这一款食谱 App 的意义就在于它拥有庞大的菜谱数据库和详细的菜谱步骤流程，能够切实有效地帮助厨房初学者系统性地学习做菜、一站式快捷高效地解决"厨房小白"的问题，同时在一定程度上解决纸质类菜谱普遍存在的问题。

建立了一条烹饪链。"食趣"App 是一个一站式服务的食谱类软件，用户不仅可以使用基本的搜索菜谱、菜谱学习功能来学习制作美味的菜肴，还可以通过 App 内的"集市"功能下单购买做菜所需的菜、肉甚至调味品等；在制作菜肴产生疑问时，也可以直接发送私信给菜谱作者及时解决问题；做完菜肴之后，可以通过 App 内的"美食圈"功能，和"厨友们"分享自己的成果，也可以发布美食生活，结交志同道合的"厨友"，一起交流互动，实现从做什么菜到采购、烹饪、分享的烹饪四部曲。

菜肴搭配功能。对于许多年轻白领或是家庭主妇来说，怎样把食物与食物搭配起来总是让人头疼，常常会面临冰箱里有菜却不知道怎么搭配才能更有营养而且更美味，想尝试新的食材搭配方式但又无从下手等等问题。这时，"食趣"App 的菜肴搭配功能就能很好地解决这一痛点。用户可以在搭配界面输入想要搭配的主菜、辅菜以及忌口，如不吃辣、不吃香菜等信息，系统将会为用户推荐适合他们需求的菜谱。这一功能能够极大地减少用户检索菜谱的时间、解决食材搭配难的问题。

菜谱选择及制作功能。中国有八大菜系，各个菜肴具有明显的地方风味特色，这一点也凸显在菜肴的口味上。在菜谱的内容上，"食趣"App 为用户提供细致入微的服务，同一菜肴名称根据传统口味或新式改良，根据不同地区、不同口味、不同针对人群做分类，为用户提供更多的选择方式，并帮助他们按菜谱学习制作，提高用户的使用体验感。

一键购物功能。对于食谱类 App 的使用者来说，很多时候他们都会遇到自己想要的菜谱，却没有所需的食材，又因为觉得出门麻烦而且不会挑选好品质的菜等问题打消了做菜的念头。为了解决这个问题，在"食趣"App 的菜谱页面可以勾选菜谱中所涉及的食材直接下单送货到家，足不出户就能选购高品质的食材，节省了使用者的时间。

分享社交功"食趣"App 还拥有分享社交功能。在做完菜肴后，用户可以拍照打卡发布，在一次又一次的记录中，发现自己的进步，获得成就感，也可以看到其他用户的制作成果，相互学习；不仅如此，使用者也可以发表与烹饪有关的日常生活或烹饪的步骤，和志同道合的"厨友"交流进步，以获得 满意，感受做菜的乐趣。

界面设计视觉：

界面色彩设计选用色调以暖色调为主，一方面衬托出食物的美味，另一方面也在视觉上给予用户食欲的刺激，更容易激发用户的食欲。针对 App 的目标用户，在色彩的选择上使用的都是偏向年轻活力的色调，同时，辅助色配以蓝色，给人一种心安、纯净的感觉，平复使用者的情绪，减少使用者在学习做菜等情况下的烦躁、焦虑等一系列负面情绪，使得用户在使用 App 的过程中能更有耐心地浏览。

图形设计中，标志设计提取食趣二字的拼音首字母 S 与 Q，将 S 与 Q 这两个英文字母与飘着香气的烤肠这一与美食、食谱相关联图形有机结合，将图案与文字进行延展融合。选择生活化的图形更能拉近与用户之间的距离，更强调贴合食谱类 App 这一主题，同时，在颜色的选择上，也选择

了与品牌色契合的橙色与蓝色的搭配。logo多用圆润、变化多姿的曲线以及运用轻拟物的风格，带给人们轻快、活泼、简洁及精致的视觉感觉。icon的图标设计与标志的图形设计思想相吻合，解释性的icon图标运用拟物化的设计风格，将代表性的食物拟物化，运用圆润、变化的曲线，使图标更具有立体感与生活感，向用户提供更多的视觉信息，使用户易于接受。功能性的icon图标延续解释性icon图标的特点，运用带圆角的面性图标搭配运用食物图形，契合食谱类App，提高它的可认度，给人以舒适的视觉体验。

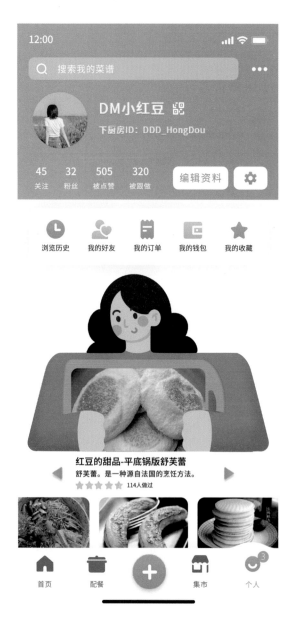

版式设计中插图、IP 形象的样式与网格系统界面结合运用。在"食趣"App 的页面设计中融入了扁平风格的插画元素。在第一次登录应用程序界面时，使用者可以自行选取具有自己性格的个性化插画风格头像，同时用户选定的形象也会在"个人"页面有相应的人物形象插画进行形象的展示；在登录页等页面底部加入美食菜肴插画丰富画面，这些引人注目的插图能给人以感性的感觉，能最大限度地激起观众的好奇心和求知欲，更直观地展现 App 的总体风格和核心主题，将与用户之间的距离拉近，提升用户第一次使用的"印象分值"。其次，在缺省页的页面设计中也融入了简洁、易理解的插画元素，对异常状况等直接、有效地描述，缓解异常状态给使用者带来的负面情绪，改善用户体验，使使用者满意。

插图设计以日常生活中与烹饪相关的物品，如菜篮子、碗筷、砧板等为原型进行设计，将烹饪元素融入版式设计中，在"个人"页面中，将砧板的图形作为内容展示的载体，使内容传达更有趣味性；在缺省页、小游戏等页面中融入货架、购物篮等元素，丰富了画面，改善用户使用体验，为使用者提供清晰的可识别性，提升用户好感。

在 IP 形象的设计方面，采用青菜为原型，融入家庭主妇、厨师烹饪、锅碗瓢盆等元素，将青菜拟人化，绘制并塑造出具有菜叶发型、穿戴围裙、手拿锅铲的温柔活泼、热爱下厨的家庭主妇形象的卡通人物菜菜。在颜色的选用上，以 App 品牌的橙色为主，契合 App 的主题，更具亲和力，缩短和使用者之间的距离。在"食趣"App 的版式设计上，动态 IP 形象菜菜作为"引导员"与用户互动，让用户在阅读菜谱时不觉得无聊，增加了趣味性，提高用户体验。同时在缺省页等页面中融入 IP 形象菜菜，在异常状态下向用户提供友好的提示和安抚，给予用户良好体验感。

交互操作方式可以增强用户参与度，提高使用者的兴趣。在"食趣"App 的"菜谱"界面中，动态 IP 形象菜菜作为可点击的悬浮按钮与用户进行互动，点击 IP 形象菜菜后，会展开不同的按钮，如"分享""集市"等功能，点击即可跳转到相应的界面，方便用户切换使用不同的功能，为使用者节约时间，增加趣味性、互动性；在使用者点击选择不同栏目时，灶头造型的选择条会随着用户的点击左右移动，增强互动性。

思考讨论：

（1）一款优秀的数媒界面设计应该具备哪些特质。
（2）从需求入手，如何加强设计特点的表达，如何提高交互功能与设计视觉的契合。
（3）寻找数媒界面设计中有哪些是容易被忽视的设计细节。

参考文献

[1] 李四达. 数字媒体艺术概论 [M]. 北京：清华大学出版社，2006.

[2] 刘丽，边卓. 色彩在 APP 界面设计中的应用研究 [J]. 工业设计，2021 (01).

[3] 李倩. 基于用户体验的 UI 界面中图标设计研究 [D]. 沈阳：沈阳师范大学，2018.

[4] （意）唐纳德·A. 诺曼 (Donald·A. Norman). 设计心理学 [M]. 梅琼，译. 北京：中信出版社，2010.

[5] 陈凯. 基于视觉导流的 APP 交互界面优化模型研究 [D]. 合肥：合肥工业大学，2018.

[6] 拉杰·拉尔. UI 设计黄金法则 [M]. 王军锋，等译. 北京：中国青年出版社，2014.

[7] Robin Williams. 写给大家看的设计书 [M]. 苏金国，刘亮，译. 北京：人民邮电出版社，2009.

[8] （意）罗伯托·维甘提 (Roberto Verganti). 第三种创新：设计驱动式创新如何缔造新的竞争法则 [M]. 戴莎，译. 北京：中国人民大学出版社，2014.

[9] （美）Steve Krug. 点石成金：访客至上的网页设计秘笈 [M]. 蒋芳，译. 北京：机械工业出版社，2006.

[10] 腾讯公司用户研究与体验设计部. 在你身边，为你设计 [M]. 北京：电子工业出版社，2017.

[11] 马泉臣. 在视觉传达设计中图形创意的应用研究 [J]. 西部皮革，2020，42 (05).

[12] 叶翰尧. 游戏沉浸体验的交互影响因素分析 [J]. 艺术科技，2018 (12).

后记

挖掘数字媒体界面设计的潜力，设计新颖有创意的视觉界面是本书的要旨。本书从数字媒体界面的历史与发展、界面设计原则、界面内容与设计流程、界面设计创意思维以及界面设计测试与评估等方面概括了数媒界面设计形式，通过大量的界面设计的范例综合了解数媒界面的实践方法。通过本书的学习，指导读者不仅需要掌握适当的界面设计技巧，更要理解用户与程序的关系。一个有效的用户界面关注的是用户目标的实现，包括视觉元素与功能操作在内的所有元素都需要完整一致。通过对于界面的认知，了解界面设计与交互设计方式原理，可以对界面进行美化、抽象，艺术化。界面设计语言是交互方式的引导，是研读信息的基础平台。

本书用了部分篇幅分析用户心理，强调用户体验，并讲述了界面设计后的测评。UI 设计只是 UX 设计的一部分，作为 UI 设计师不能只停留于图形界面设计、动效设计、图标设计、视觉设计规范的工作范畴。了解对象，了解设计思维与整个工作流程对 UI 界面设计是有指导意义的。这也是帮助 UI 设计师在宏观把握全局以后，有的放矢地展开界面视觉设计工作，在设计中少走弯路。

书中的设计案例大多采用了上海理工大学本科生的课堂作业与毕业设计作品。从这些范例中能看出学生们厚积薄发的综合素质和一些奇思妙想的创意，在此由衷感谢为本书提供帮助的学生们。